utb 4321

Eine Arbeitsgemeinschaft der Verlage

Böhlau Verlag · Wien · Köln · Weimar
Verlag Barbara Budrich · Opladen · Toronto
facultas · Wien
Wilhelm Fink · Paderborn
A. Francke Verlag · Tübingen
Haupt Verlag · Bern
Verlag Julius Klinkhardt · Bad Heilbrunn
Mohr Siebeck · Tübingen
Nomos Verlagsgesellschaft · Baden-Baden
Ernst Reinhardt Verlag · München · Basel
Ferdinand Schöningh · Paderborn
Eugen Ulmer Verlag · Stuttgart
UVK Verlagsgesellschaft · Konstanz, mit UVK/Lucius · München
Vandenhoeck & Ruprecht · Göttingen · Bristol
Waxmann · Münster · New York

Dieter Jäger

Grundwissen Eventmanagement

UVK Verlagsgesellschaft mbH
Konstanz und München

Dieter Jäger lehrt International Event Management an der IUBH School of Business and Management in Bad Honnef.

Online-Angebote oder elektronische Ausgaben sind erhältlich unter www.utb-shop.de

Bibliografische Information der Deutschen Bibliothek
Die Deutsche Bibliothek verzeichnet diese Publikation in der Deutschen Nationalbibliografie; detaillierte bibliografische Daten sind im Internet über <http://dnb.ddb.de> abrufbar.

Lektorat: Rainer Berger
Einbandgestaltung: Atelier Reichert, Stuttgart
Einbandmotiv: © Anna Omelchenko – Fotolia.com
Druck und Bindung: Pustet, Regensburg

UVK Verlagsgesellschaft mbH
Schützenstraße 24 · 78462 Konstanz
Tel. 07531-9053-0 · Fax 07531-9053-98
www.uvk.de

UTB-Nr. 4321
ISBN 978-3-8252-4321-0
E-ISBN 978-3-8463-4321-0

Vorwort

Sicher fallen Ihnen zum Stichwort Event mühelos eine Vielzahl von Großveranstaltungen ein – zum Beispiel die Olympischen Spiele, die FIFA Fußballweltmeisterschaft oder die Weltausstellung Expo. Darüber hinaus gibt es zahlreiche kleinere Eventformate wie zum Beispiel die Landesgartenschau oder das Stadtfest. Die Eventbranche ist allerdings noch weitaus vielfältiger: Auch Unternehmen, Politik und nicht zuletzt gesellschaftliche Organisationen haben Events als wirkungsvolles Kommunikationsinstrument für sich entdeckt. Denken Sie nur an Produktvorstellungen, Parteitage, Kongresse oder Seminare. Kurzum: Events spielen heute eine zentrale Rolle in unserem gesellschaftlichen Leben.

Dieses Buch vermittelt Ihnen kompakt das Basiswissen des Eventmanagements. Es richtet sich gleichermaßen an Studierende, die sich beispielsweise im Rahmen der Wirtschafts-, Sozial-, Kommunikations- oder Sportwissenschaften mit dem Thema beschäftigen, sowie an Quereinsteiger oder Praktiker des Eventbereichs. Es vermittelt Ihnen zu Beginn die (historischen) Grundlagen und stellt die unterschiedlichen Eventsformate im Detail vor. Schließlich wird auch auf die Eventplanung und das Finanz-, Sponsorship-, Personal- und Risikomanagement von Events sowie deren Evaluierung eingegangen. Die Themen Corporate Social Responsibility und Nachhaltigkeit sowie Green Events runden das Thema ab.

Ich wünsche Ihnen eine spannende und zugleich aufschlussreiche Lektüre.

Bad Honnef im Sommer 2015

Dieter Jäger

für
Alessandra, Letizia und Lucas

Inhalt

1 Grundlagen

✱ Lernziele

Nach der Lektüre dieses Kapitels werden Sie

- den Begriff Event erläutern können.
- die Charakteristika und Bedeutung von Events kennen.
- wissen, wie sich Events im Laufe der Historie entwickelt haben.
- die unterschiedlichen Funktionen, die Events erfüllen, beschreiben können.

1.1 Zum Eventbegriff

„Alles Event!?" lautete 1993 der Titel des Buches von Tom Inden-Lohmar (Inden 1993). Dabei war dem Autor, seinen eigenen Angaben nach, damals noch nicht klar, wie aktuell dieser Realitätsbezug bis heute sein würde (vgl. Inden-Lohmar 2002, S. 23). Der Begriff *Event* hat sich längst in unserem Sprachgebrauch fest etabliert. Sucht man im Internet nach dem Begriff Event, so erhält man weit über 600.000.000 Treffer – eine schier unglaubliche Zahl.

Doch die unüberschaubare Verwendung des Begriffs Event im umgangssprachlichen Kontext hat zu einem derart inflationären Gebrauch geführt, dass heute mit der Bezeichnung Event divergierende Bedeutungen und Assoziationen verbunden sind. Somit stellt sich zunächst die Frage, was man genau unter Events versteht bzw. was Events eigentlich sind? Im Duden findet man dazu eine erste Erklärung. Darin bezeichnet „der" oder „das Event" (beide Formen sind gebräuchlich) ein „besonderes Ereignis" (vgl. Bibliographisches Institut GmbH 2013). Was sich jedoch unter dem Begriff *besonderes Ereignis* verbirgt, bleibt bei dieser Definition offen.

Als gebräuchliche Synonyme nennt der Duden die Begriffe: Anlass, Ereignis, Erlebnis, Fest, Festlichkeit, Fete, Geselligkeit, Happening, Party, Schau, Schauspiel, Show, Spektakel, Treffen, Vergnügung (vgl. Bibliographisches Institut GmbH 2013). Der Begriff Event selbst leitet sich bei genauer Betrachtung aus dem Lateinischen „*Eventum* – Ereignis“ bzw. im englischen Sprachgebrauch aus „*event* – Ereignis“ ab (vgl. Bibliographisches Institut GmbH 2013).

Im Englischen findet man unter dem Begriff Event im „Longman English Dictionary Online“ folgende Erläuterung:

> „Interesting/exciting something that happens, especially something important, interesting or unusual“ bzw.
> „Social gathering – a performance, sports competition, party etc at which people gather together to watch or take part in something“ definiert (vgl. Pearson Education Ltd 2014).

Demnach lässt sich festhalten, dass es sich bei Event auch im englischen Sprachgebrauch um ein besonderes Ereignis handelt.

Neben den allgemeinen Wörterbüchern hat sich der Eventbegriff auch in den unterschiedlichsten Wissenschaftsbereichen etabliert, zum Beispiel in den Wirtschafts-, Sozial- und Kommunikationswissenschaften (vgl. Drengner 2014, S. 115).

Im Online-Wirtschaftslexikon des Gabler Verlags findet sich zum Eventbegriff die folgende Definition:

> „Veranstaltungen aller Art, die durch Inszenierung, Interaktion zwischen Veranstalter, Teilnehmer und Dienstleistern sowie multisensorische Ansprache erlebnisorientierte Kommunikationsbotschaften an die Zielgruppe herantragen. Der Begriff Veranstaltung bezeichnet ein organisiertes, zweckbestimmtes, zeitlich begrenztes Ereignis, an dem eine Gruppe von Menschen vor Ort und/oder über Medien teilnimmt.“ (Springer Gabler Verlag (Herausgeber), Gabler Wirtschaftslexikon)

1.2 Event als besonderes Ereignis

Ein Event ist demnach etwas Außergewöhnliches, etwas, was nicht zum Alltäglichen gehört und dadurch zum besonderen Ereignis wird (vgl. Gebhardt et al. 2000, S. 18f).

Analysiert man die ersten wirtschaftswissenschaftlichen Auseinandersetzungen zum Thema Event im deutschsprachigen Raum (vgl. Gebhardt et al. 2000, S. 19; Drengner 2008, S. 21; Sistenich 1999, S. 235; Zanger 2001, S. 836) im Hinblick auf mögliche Gemeinsamkeiten, dann lassen sich Events

- als **planmäßig** erzeugte Ereignisse definieren, das heißt, sie werden konzipiert, geplant, durchgeführt und evaluiert. Gestalterische Freiräume existieren nur innerhalb festgelegter räumlicher und/oder zeitlicher Grenzen,
- die **zielorientiert** durchgeführt werden, das heißt, Events finden immer aufgrund einer bestimmten Intention/Zielerreichung statt, seien diese nun bewusst oder unbewusst festgelegt,
- als **einzigartige Erlebnisse** geplant und erlebt werden, das heißt, sie heben sich positiv (anderenfalls werden sie nicht als solche so wahrgenommen) aus dem Alltagsgeschehen des Teilnehmers hervor und erzeugen in ihm eine freudige Erwartung,
- meist **alle Sinne** der Teilnehmer ansprechen und von diesen auch mit allen Sinnen so wahrgenommen werden,
- das Gefühl einer **exklusiven Gemeinschaft** und Zusammengehörigkeit vermitteln, das heißt, die Teilnehmer von Events erleben sich als eine Einheit (große Familie), und
- meist **monothematisch** aufgebaut sind, das heißt, die Eventinhalte werden auf ein Thema inhaltlich beschränkt und erzeugen so bei den Teilnehmern eine hohe thematische Identität.

1.3 Zur Historie und Bedeutung von Events

Vorweg lässt sich zunächst feststellen, dass Events kein *Produkt* des 21. Jahrhunderts sind (vgl. Gebhardt et al. 2000, S. 23). Vielmehr gibt es seit Anbeginn der Menschwerdung immer wieder außergewöhnliche Begebenheiten, die die Menschen in den unterschiedlichsten Kulturen als *besonderes Ereignis* gefeiert bzw. zelebriert haben, um so diese wichtigen Ereignisse in ihrem Leben zu feiern und in Erinnerung zu halten.

Ur- und Frühgeschichte

In der Ur- und Frühgeschichte der Menschheit waren es vor allem Rituale und Ereignisse im Wechsel der Jahreszeiten, wie zum Beispiel Feste zur Sommersonnenwende oder die Erneuerung des Lebens in jedem Frühjahr, die erfolgreiche Jagd oder Erntefeste, Siege über befeindete Stämme oder aber auch der Kreislauf von Geburt und Tod eines Menschen, die die Menschen gefeiert haben.

Im Laufe der Zeit etablierten sich in den ersten Hochkulturen religiöse Feste und sportliche Wettkämpfe, wie zum Beispiel das Akitu-Fest. Aufzeichnungen belegen, dass dieses Fest bereits im 3. Jahrtausend v. Chr. zur Zeit der Sumerer im Raum Mesopotamien als Neujahrsfest gefeiert wurde (vgl. Bidmead 2004, S. 1). Erste sportliche Wettkämpfe im Laufen, Ringen, Speerwurf oder Boxen galten hauptsächlich zur Vorbereitung auf militärische Auseinandersetzungen oder als Training für die Jagd.

Antike: Ägypten

Neben den bereits erwähnten Festen, die den Wechsel der Jahreszeiten ritualisierten, waren es zu Zeiten der ägyptischen Hochkultur auch besonders die religiösen Opferfeste zu Ehren der ägyptischen Gottheiten (zum Beispiel Opet-Fest, Tal-Fest), an denen die gesamte ägyptische Bevölkerung in Massen teilnahm (vgl. Graf 2011, S. 11).

Abb. 1: Opet-Fest, Prozession, Kapelle der Hatschepsut, Neues Reich, 18. Dynastie
Quelle: © Terry J. Lawrence, iStockphoto.com

Antike: Griechenland

Zur Zeit der griechischen Antike gelten vor allem die Olympischen Spiele, die großen Dionysien (Feste zu Ehren des Gottes Dionysos) und die Panathenäen (Feste für die Göttin Athene) als die großen Events in der griechischen Kultur (vgl. Nikopoulos 2004b, S. 208, 223f; vgl. Sinn 2004, S. 108f). Die Olympischen Spiele wurde 776 v. Chr. erstmals zu Ehren des Gottes Zeus ausgetragen (vgl. Ancient Olympic Games, First Olympics in Olympia | Greek History). Die Olympischen Spiele der Antike unterschieden sich von den heutigen Olympiaden, aber dennoch gibt es durchaus Gemeinsamkeiten: Wie heute fanden auch damals die Olympischen Spiele alle vier Jahre statt.

Im Gegensatz zu heute konnten sich allerdings Städte und Länder nicht um die Austragung der Spiele bewerben, sondern die Spiele fanden immer in Olympia statt. Auch durften als Athleten nur freie, griechische Männer an den Spielen teilnehmen. Aber auch schon damals waren die Gewinner der Olympiade (die sogenannten Olympioniken) hoch angesehene Sporthelden, die sich und ihrer Stadt zu hohem Ansehen verhalfen. Wie populär der Event

Olympische Spiele zur damaligen Zeit bereits schon war, wird durch die Anzahl der Zuschauerplätze im Stadion deutlich. Im olympischen Stadion fanden 45.000 Zuschauer Platz (dies entspricht in etwa der durchschnittlichen Größe eines heutigen Bundesligafußballstadions). Zunächst waren die Olympischen Spiele ein eintägiger Event mit lediglich einer Disziplin: dem Stadionlauf – einem Lauf von ca. 200 Meter. Im 5. Jahrhundert v. Chr. dauerten die Spiele bereits schon fünf Tage. Disziplinen in dieser Zeit waren Läufe über verschiedene Distanzen, der Ringkampf, Boxkampf, Pankration (ein Ring-Box-Kampf), Speerwurf, Penthalon (ein Mehrkampf bestehend aus Laufen, Springen und Diskuswerfen) und zwei Arten von Pferderennen (jeweils mit und ohne Wagen) (vgl. Ancient Olympic Games, First Olympics in Olympia | Greek History).

Abb. 2: Rekonstruktion des Dionysos-Theaters
Quelle: © antiqueimages, fotolia.com

Die großen Dionysien (ursprünglich religiöse Opferfeste) waren aus heutiger Sicht große Kulturevents mit religiösem Hintergrund zu Ehren des Gottes Dionysos (Gott des Weines, der Verwandlung und des Rausches). Die Feiern fanden im März/April in Athen statt. Das Fest galt als größte Zusammenkunft der Bewohner der Polis, inklusive der Kinder und Sklaven (vgl. Behnk 2009, S. 51). Neben dem großen Festzug standen vor allem die verschiedenen Theateraufführungen (sogenannte Agon), bei denen die Literaten und Schauspieler im Wettstreit um die Gunst des Publikums konkurrierten, im Mittelpunkt des Festes.

Bei den Panathenäen handelte es sich wiederum um das größte religiös-politische Fest in Athen, das zu Ehren der Göttin Athene (Schutzpatronin der Stadt Athen) gefeiert wurde. Dem Fest selbst gingen auch einige Sportwettkämpfe, sowie Literatur- und Musikwettbewerbe im Vorfeld voraus (vgl. Nikopoulos 2004, S. 208).

Antike: Römisches Reich

Zur Zeit des Römischen Reichs waren gesellschaftliche Events aus politischen, religiösen und gesellschaftlichen Gründen weitverbreitet (vgl. Nikopoulos 2004a, S. 228). Ob religiöse Feste, Siegesfeiern oder Schaukämpfe zur dramatischen Unterhaltung, die Römer liebten jegliche Art von Events und Abwechslung. Das *Kolosseum* und der *Circus Maximus* stehen dabei für historische Eventstätten, deren Ausmaße uns bis heute beeindrucken. Während das Stadium in Olympia, wie bereits erwähnt 45.000 Zuschauern Platz bot, konnten im Kolosseum bereits 50.000 Menschen sitzen, während es im Circus Maximus über 250.000 Zuschauer waren (vgl. Nikopoulos 2004a, S. 226). So gesehen bildeten das Kolosseum und der Circus Maximus „das Zentrum einer reichsweiten Unterhaltungsindustrie" (Nikopoulos 2004a, S. 240). So wurden Gladiatorenkämpfe und Tierkämpfe von der römischen Herrschaftsschicht ausgerichtet, um Popularität bei Volk zu erlangen und um gesellschaftlichen Status und Amt zu präsentieren („*panem et circenses* – Brot und Spiele"). Besonders beliebt und aufregend waren die Wagenrennen (Zwei- und Vierspänner) im Circus Maximus. Ein Renntag bestand meist aus 24 Rennen mit maximal 12 Wagenlenkern pro Rennen und die Sieger erhielten neben Siegerpalmen noch Kronen und Goldketten (vgl. Nikopoulos 2004a, S. 230).

Abb. 3: Circus Maximius
Quelle: © antiqueimages, fotolia.com

Mittelalter

Im Mittelalter waren es vor allem die kirchlichen und weltlichen Feste, die den Menschen Abwechslung in ihr oft hartes Alltagsleben brachten. Feste waren die Zeit des Feierns und der Erholung nach oft langer, körperlich anstrengender Arbeit. Musik, Tanz und Darbietungen waren dabei wichtige Elemente derartiger Events.

Zu Beginn des 13. Jahrhunderts etablierte sich in Deutschland auch der Begriff *Messe*. Danach feierten die Menschen zunächst die *Heilige Messe* (die sogenannte Missa Sacra) innerhalb des Kirchenraumes, bevor im Anschluss daran um die Kirche herum die *Missa Profana* stattfand, bei der Händler und Kaufleute den Menschen ihre Waren anboten, Musiker aufspielten und Schauspieler und Artisten ihr Stücke darboten. Im Gegensatz zum Jahrmarkt besaß die Messe eine größere überregionale Bedeutung für die Kaufleute. Besonders die überregionalen Messen in den deutschen Städten Frankfurt am Main und Leipzig waren weit über die Landesgrenzen hinaus bekannt (vgl. Wünsch et al. 2007, S. 37).

Neben diesen Events erlangten vor allem die vom Adel ausgerichteten Feste wie zum Beispiel Sieges- und Krönungsfeiern, Eheschließungen, Geburtsfeste sowie Ritterturniere und Tjosts (Wettkampf zweier Reiter mit Lanzen) als Teil eines Turniers eine ganz besondere Bedeutung für die damalige Gesellschaft. Bei diesen Turnieren gab es auch Wettkämpfe mit verschiedenen Waffen, wie zum Beispiel mit dem Schwert, der Streitaxt oder dem Dolch.

Neuzeit

Neben den bereits erwähnten hohen kirchlichen und weltlichen Festen, gab es in der Neuzeit vor allem Feste, die das regionale Brauchtum und die Tradition pflegten. Kirchweihfeste (Kirmessen) waren damals in den jeweiligen Ortschaften ein wichtiger Event für die Gemeinden (vgl. van Dülmen 2005, S. 137), denn Festkultur und Brauchtum waren in der Bevölkerung tief verwurzelt und galten als wichtiger Bestandteil des gesellschaftlichen Lebens (vgl. van Dülmen 2005, S. 126). „Die frühe Neuzeit kannte eine breite und ausgeprägte Unterhaltungskultur, an der Alt und Jung, Männer wie Frauen teilnahmen, wenn auch die Frauen zurücktraten, je öffentlicher und ritualisierter die Feiern gestaltet wurden" (van Dülmen 2005, S. 127).

Eine weitere wichtige Entwicklung in dieser Zeit (aus Sicht der Eventhistorie) war die Entwicklung des *Öffentlichen Theaters*. Besonders in England, zur Zeit Elisabeth I. von England, blühte in London das Theater auf. Zur Zeit Shakespeares gab es in London sieben öffentliche Theaterhäuser mit insgesamt über 12.000 Plätzen, die den Menschen zumeist literarische Unterhaltung boten (vgl. Gelfert 2005, S. 80).

Im 17. Jahrhundert waren es vor allem die höfischen Bälle zur Zeit des Barocks, die sich durch ihren Prunk und ihre Verschwendungssucht zu einer einzigartigen Festkultur entwickelten (vgl. Dickhaut et al. 2009, S. 24).

Abb. 4:
William Shakespeare
Quelle: © ZU_09, iStockphoto.com

Abb. 5:
Ein Theaterbesuch war nicht mehr nur Privileg des Adels, sondern auch die Bevölkerung hatte nun Zugang
Quelle: © wynnter, iStockphoto.com

Moderne

Mit Beginn der Moderne müssen sicherlich auch im Zuge der Französischen Revolution ab 1789 sowohl die *Massenvergläubigungsfeste* (wie zum Beispiel das Fest des Höchsten Wesens) auf dem Marsfeld in Paris, als auch die öffentlichen Hinrichtungen als besondere Events genannt werden, die im Sinne einer Zurschaustellung von Gerechtigkeit und aufgrund ihres Sensationswertes massenhaften Zuspruch erhielten (vgl. Wünsch et al. 2007, S. 27, 31). Neben diesen ritualisierten Events fanden in Paris erstmals in dieser Zeit auch Industrieschauen statt, die neue Erzeugnisse und Erfindungen präsentierten (vgl. Wünsch et al. 2007, S. 27).

In Bayern heiratete am 12. Oktober 1810 der bayerische Kronprinz Ludwig (1786–1868) die Prinzessin Therese Charlotte Louise von Sachsen-Hildburghausen (1792–1854). Insgesamt dauerten die Feierlichkeiten fünf Tage lang und können als Geburtsstunde des Münchner Oktoberfestes gesehen werden, das heute mit über 6 Millionen Besuchern jährlich als größtes Volksfest der Welt bezeichnet werden kann (vgl. Hartl 2010, S. 19).

Abb. 6: Der Kristallpalast wurde anlässlich der Weltausstellung 1851 im Londoner Hydepark errichtet
Quelle: © ZU_9, isStockphoto.com

Am 1. Mai 1851 wurde dann die erste Weltausstellung *The great Exhibition of the works of industry of all Nations* in London eröffnet, zu der über 6 Millionen Besucher kamen. „Mit Eintrittsgeld, Sicherheitsdienst, Toilettenanlagen, temporärer Gastronomie und Medienbegleitung war dies die erste professionell geplante, kommerzielle und industrieaffine Massenveranstaltung" (Wünsch et al. 2007, S. 27).

1859 wird in Athen auf Initiative des griechischen Geschäftsmannes Evangelos Zappas eine Sportveranstaltung namens *Olympien* veranstaltet, die den antiken Olympischen Spielen nachempfunden war. Dieser Event kann als der Ursprung der heutigen modernen Olympischen Spiele gesehen werden. Als Begründer der modernen Olympischen Spiele wird jedoch Baron Pierre de Coubertin (1863–1937) gesehen, der in seiner Vision die Spiele als regelmäßiges sportliches Treffen und Begegnung der Jugend aus aller Welt sah (vgl. Bierstedt 2013, S. 41, 49). Am 6. April 1896 wurden daher erstmals die *Olympischen Spiele der Neuzeit* im alten Olympiastadion in Athen vor rund 60.000 Zuschauern feierlich eröffnet. An den Wettkämpfen nahmen bis zum 15. April 241 Athleten aus 14 Ländern teil (vgl. Bierstedt 2013, S. 51). Heute gelten die Olympischen Spiele weltweit als Megaevents, die von Milliarden Menschen verfolgt werden.

Ende des 19. und zu Beginn des 20. Jahrhunderts etablierten sich zudem spezielle Erlebniswelten, sogenannte Vergnügungsparks, die den Besuchern beste Unterhaltung boten. Die Vorläufer von Disneyland & Co. waren beispielsweise der Wiener Prater (Wien) oder Coney Island (New York) (vgl. Wünsch et al. 2007, S. 29).

Mit Beschleunigung der Industrialisierung und der Entwicklung von Markenerlebnissen werden Events zu Beginn des 20. Jahrhunderts zunehmend, neben der gesellschaftlichen Festkultur, in der Markenkommunikation der Unternehmen eingesetzt. Seien es Promotionevents im öffentlichen Raum zu Werbezwecken oder Sponsoring von Ausstellungen – Events werden mehr und mehr zum Kommunikationsmittel der Unternehmen. Rasch entwickeln sich immer wieder neue Formate und Möglichkeiten in der Eventkommunikation der Unternehmen (vgl. Wünsch et al. 2007, S. 30ff).

Wie wir anhand des kurzen historischen Abrisses gesehen haben, sind Events an und für sich nichts Neues, sondern seit jeher in der Festkultur der Menschheit fest verankert.

1.4 Funktionen von Events

Wie im vorherigen Teil bereits beschrieben, haben Events in Form von Feiern und Festen seit Anbeginn im Leben der Menschen eine wichtige Rolle und Bedeutung eingenommen. Bevor wir im Einzelnen verschiedene Eventformate kennenlernen werden (siehe Kapitel 2), wollen wir uns zunächst in diesem Teil mit den Funktionen von Events beschäftigen und eine erste Einordnung vornehmen.

Entsprechend der zunehmenden gesellschaftlichen Bedeutung rücken Events seit einigen Jahren auch verstärkt in den Fokus wissenschaftlicher Betrachtungen. Aufgrund der vielseitigen Eventangebote und -formen, sowohl im Freizeit- als auch Geschäftsumfeld, erfolgt eine wissenschaftliche Auseinandersetzung mit dem Thema Events in unterschiedlichen Wissenschaften (zum Beispiel Wirtschaftswissenschaften, Soziologie, Kommunikations-/Medienwissenschaften, Theaterwissenschaften, Sportwissenschaften und Tourismuswissenschaften).

Eventfunktion aufgrund der Nutzenpositionierung

Eine Einteilung, hinsichtlich möglicher Funktionen lässt sich aus Sicht des Eventbesuchers und seiner Nutzenvorstellungen herleiten. Dabei sind die Nutzen relevant, die sich für den Besucher am Ende des Events ergeben. Dazu zählen beispielsweise Nutzenvorstellungen bzw. Nutzen wie Prestige, Erlebnis, Informationsgewinn, Zerstreuung, Geselligkeit, kulturelle Motivation, Ausgleich zur Arbeit, Unterhaltung, Identifikation, mit anderen Menschen zusammen sein oder kennenlernen und vieles mehr.

Um die unterschiedlichen Nutzenvorstellungen und damit die Funktionen, die Events haben können, aufgrund der Komplexität ein wenig zu reduzieren, kann man die verschiedenen Nutzen (Eventfunktionen) in drei Bereiche gliedern (vgl. Wochnowski 1996, S. 64ff).

[1] **Kognitive Nutzen** (Information, Bildung), das heißt, Events vermitteln den Teilnehmern zweckorientiertes Wissen und Informationen, die aufgenommen, verarbeitet und verwertet werden. Beispiele sind hier Tagungen, Kongresse und Messen sowie Workshops. Die Besucher haben die Möglichkeit, Wissen und Informationen schneller (Zeitersparnis) und gezielter (Selektion) zu erhalten, als durch andere Quellen und Wege.

[2] **Emotionale Nutzen**, das heißt, dies entspricht Events mit hohem Entertainmentwert. Hier finden die Teilnehmer Ablenkung, Zerstreuung, Unterhaltung und Vergnügen. Der Unterhaltungsnutzen ist hier eng mit dem Erlebnisbegriff verbunden

[3] **Soziale Nutzen**, das heißt, Events vermitteln hier einen gesellschaftlichen Nutzen. Dieser entsteht vor allem aufgrund der Kontakte der Teilnehmer untereinander. Dies kann auf Partner- (zum Beispiel Kinobesuch), Gruppen- (Freunde besuchen gemeinsam ein Fest) und/oder Szenenebene (zum Beispiel Fanblock bei einem Fußballspiel) stattfinden.

Auf Basis dieser drei Kategorien lässt sich so ein dreidimensionaler Würfel erstellen, der die einzelnen Funktionen von Events widerspiegelt:

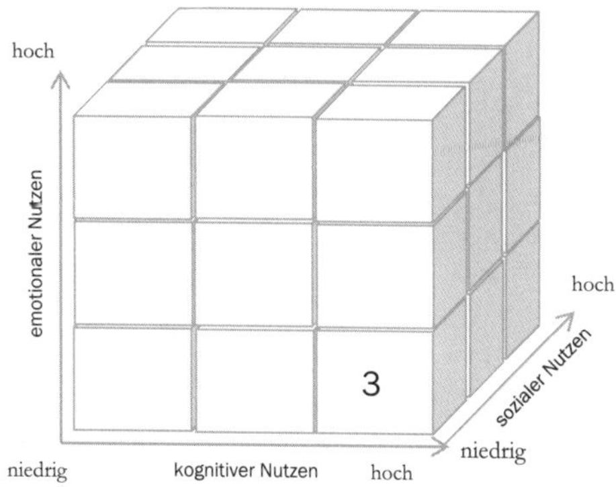

Abb. 7: Nutzenpositionierung von Events
Quelle: in Anlehnung an Wochnowski, S. 66

So könnte beispielsweise eine Vorlesung an einer Hochschule für die Teilnehmer einerseits zwar einen hohen kognitiven Nutzen haben, der aber andererseits mit einem niedrigen sozialen und emotionalen Nutzen verbunden ist (Würfel Nr. 3).

Eventfunktionen aus Sicht des Marketings

Eine weitere Einteilung, hinsichtlich möglicher Funktionen, lässt sich aus Sicht des Marketings herleiten. Danach lassen sich Events zunächst in nicht kommerzielle (zum Beispiel private oder religiöse Events) und kommerzielle Events unterteilen. Events bei denen wiederum wirtschaftliche Ziele verfolgt werden, können entweder als Kommunikationsinstrument aus Sicht der Marketingkommunikation oder aus der Perspektive des Veranstaltungsmarketings (Events als Produkt- bzw. Dienstleistung) betrachtet werden.

Abb. 8: Event aus Sicht des Marketings
Quelle: in Anlehnung an Drengner, S. 32

Eventfunktion auf Basis der Eventmarketingziele

Eine Erweiterung der Funktionen ergibt sich aus der Kombination möglicher Eventmarketingziele. Je nach Format können Events dabei unterschiedliche Funktionen erfüllen.

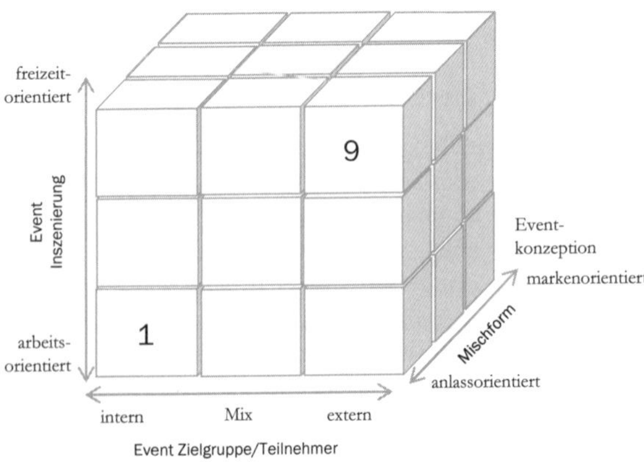

Abb. 9: Dreidimensionale Eventfunktion
Quelle: in Anlehnung an Nufer S. 42 bzw. Zanger/Sistenich 1996, S. 135

Zunächst lassen sich die Funktionen der Events nach Art der Zielgruppe bzw. Teilnehmer unterscheiden. Das Spektrum reicht dabei von rein internen Zielgruppen bzw. Teilnehmern bis hin zu externen Zielgruppen bzw. Teilnehmern. Beispielsweise könnte ein Firmenjubiläumsevent nur mit den Mitarbeitern der Firma (interne Teilnehmer) durchgeführt werden oder das Firmenjubiläum könnte aber auch im Rahmen eines Tag der offenen Tür als öffentlicher Event (externe Zielgruppen) veranstaltet werden.

Als weitere Kategorie können Eventfunktionen aufgrund der Inszenierung unterteilt werden. Demnach besteht zum einen die Möglichkeit, Events als reine arbeitsorientierte Veranstaltungen auszuführen, oder zum anderen rein freizeitorientierte Events zu inszenieren. Dazwischen bestehen auch hier Mischformen, die wir als sogenannte Infotainment (Information + Entertainment) Events bezeichnen.

Anhand der dritten Kategorie lassen sich Events auch aufgrund ihrer Konzeption in anlassorientierte oder markenorientierte Events einteilen.

Teilt man nun diese drei Dimensionen gemäß den jeweiligen Unterkategorien in einzelne Würfel auf, so ergeben sich, wie in der oben gezeigten Abbildung dargestellt, 27 mögliche Eventfunktionen (vgl. Nufer 2007, S. 42f., 2007). So kann zum Beispiel ein Strategieworkshop eines Unternehmens vor einem Eintritt in einen neuen Markt als rein interner, anlass- und arbeitsorientierter Event durchgeführt werden (Würfel Nr. 1 in der Abbildung). Oder aber im Beispiel des Würfels Nr. 9 kann der Event eine rein externe, anlass- und freizeitorientierte Veranstaltung sein, wie zum Beispiel ein Stadtfest oder ein Musikfestival.

✱ Zusammenfassung

Events sind besondere Ereignisse und spielen eine zentrale Rolle in unserem gesellschaftlichen Leben.

Der Begriff Event entstammt dem lateinischen *eventus* bzw. dem englischen *events* und bedeutet zunächst Ereignis. Sowohl im deutschen als auch englischen Sprachgebrauch bezeichnet man mit Events „besondere Ereignisse“. In der wissenschaftlichen Auseinandersetzung versteht man unter Events: planmäßig und meist monothematisch erzeugte Ereignisse, die zielorientiert durchgeführt werden und einzigartige Erlebnisse erzeugen, dabei alle Sinne der Teilnehmer ansprechen und bei ihnen ein Gefühl exklusiver Gemeinschaft und Zusammengehörigkeit erzeugen. Aber Events sind kein Format unserer Neuzeit, denn seit Anbeginn der Menschheit haben Menschen immer besondere Ereignisse gefeiert. Dabei spielten neben den religiösen Festen und gesellschaftlichen Ritualen besonders Wettkämpfe eine zentrale Rolle in der Festkultur der Menschen. Die heutigen Olympischen Spiele als weltweit bedeutsame Megaevents beispielsweise entsprangen einem religiösen Ursprung und wurden im Jahr 776 vor Christus erstmals in Olympia ausgetragen. Über die Jahrhunderte hinweg waren Events auch immer eine Möglichkeit der Zerstreuung und Unterhaltung für die Menschen und eine Abkehr vom sonst eintönigen Alltagsleben. Dabei erfüllen heute wie damals Events verschiedene Funktionen. Dies können zum einen aus Sicht der Besucher Funktionen bezüglich des kognitiven, emotionalen und sozialen Nutzens sein, zum anderen aber auch aus der Marketingperspektive heraus Funktionen bezüglich der Eventzielgruppe, -inszenierung und -konzeption. Je nach Kombination ergeben sich dabei unterschiedliche Eventfunktionen.

2 Eventformate

Nachdem wir im ersten Kapitel erfahren haben, dass Events unterschiedliche Funktionen haben können und es dementsprechend auch eine große Vielfalt von Events gibt, werden wir im folgenden Teil die unterschiedlichen Eventformate analysieren, strukturieren und einordnen.

✱ Lernziele

Nach der Lektüre dieses Kapitels werden Sie wissen,

- welche unterschiedlichen Eventformate es gibt.
- wie sich die unterschiedlichen Eventformate gruppieren lassen.
- welche Einflüsse Events mit zunehmender Größe haben.
- welche Hauptkriterien bei Megaevents gelten.

2.1 Eventformate aufgrund der inhaltlichen Zusammensetzung

Hinsichtlich der möglichen Formen und Formate lassen sich Events zunächst aufgrund ihrer Inhalte gruppieren. Demnach können wir Events in kulturelle Events, Freizeitevents, private Events, politische Events und kommerzielle Events einteilen (siehe Abbildung). Häufig kann es dabei zu Überschneidungen zwischen den einzelnen Gruppierungen kommen, da es bei den Events oft keine scharfe Trennung zwischen den Eventformen gibt.

Business-Events	Kulturevents	gesellschafts-politische Events
Produktpräsentation	Festivals	VIP-Besuche
Messe/Ausstellungen	religiöse Feste	Eröffnungen
Kongresse/Konferenzen	Paraden	Militärische Paraden
Mitarbeiterversammlungen	Karneval	Charity
Team-Building-Events	Gedenkfeiern	Spendenaktionen
Incentive-Events	Konzerte	Galas
Pressekonferenzen	Theater	**private Events**
Bilanzpressekonferenzen	Kunst	persönliche Events
Innovationssymposien	Ausstellungen	Geburtstage
Hauptversammlungen	Preisverleihungen	Jahrestage/Jubiläen
Roadshows	**Sportevents**	Familienfeiern
Kick-offs	Turniere	Hochzeiten
Promotionevents	Wettkämpfe	Taufen
Bildungsevents	Amateure/Profis	gesellschaftl. Events
Seminare/Workshops	**Freizeitevents**	Partys
Kongresse/Konferenzen	Turniere	Galas
Tagungen/Symposien	Wettkämpfe	**Naturevents**
Trainingstage	zur Unterhaltung und Freizeitgestaltung	Naturereignisse
Kick-offs		Sonnenwende
		Mondfinsternis
		Sonnenfinsternis
		Vulkanausbruch
		Blütezeit

Tab. 1: Die Vielfalt von Events

Business-Events

Bei den sogenannten Business-Events (auch Corporate-Events) handelt es sich um Events, die von Unternehmen durchgeführt werden, um unternehmerische Ziele zu erreichen. In diesem Zusammenhang spricht man auch von Marketingevents, das heißt, diese Eventformate werden verwendet, um über Produkte und Dienstleistungen des Unternehmens zu informieren. Diese können sowohl an interne als auch externe bzw. gemischte Teilnehmer als Zielgruppen adressieren.

Damit handelt es sich bei Marketingevents um:

- „ein vom Unternehmen selbst inszeniertes Ereignis,
- in Form einer Veranstaltung,
- die dem Adressaten,
- firmen- oder produktbezogene Kommunikationsinhalte,
- erlebnisorientiert vermittelt,
- indem die emotionale und physische Reize darbietet,
- die zu einer starken Aktivierung gegenüber diesen Inhalten führen" (Drengner 2008, S. 31).

Demgegenüber versteht man unter dem Begriff Eventmarketing

- „ein Kommunikationsinstrument,
- das der erlebnisorientierten Umsetzung von Marketingzielen eines Unternehmen
- durch die Planung, Vorbereitung, Realisierung und Nachbereitung von Marketingevents dient" (Drengner 2008, S. 31).

Bildungsevents (Meetings)

Unter Bildungsevents verstehen wir diejenigen Events, die im internationalen Kontext häufig auch als MICE-Events (Meetings, Incentives, Conventions, Exhibitions/Events) bzw. im englischsprachigen Raum als Meetings bezeichnet werden. Dazu zählen zum einen die Konferenzen und Kongresse, zum anderen aber auch die Seminare, Workshops und Trainings bzw. Schulungen. Bezüglich der Definitionen zu den einzelnen Formaten gibt es bislang keine einheitliche Strukturierung und die Übergänge sind durchaus fließend (vgl. Hanke-Haase 2013, S. 20). Die nachfolgende Abbildung dient daher zu einer ersten Orientierung und zeigt eine Möglichkeit, nach welchen Kriterien zwischen den Eventformaten Kongress, Konferenz, Tagung und Seminar unterschieden werden kann (vgl. Hanke-Haase 2013, S. 20).

	Kongress	Tagung	Konferenz	Seminare Workshops
Anzahl Teilnehmer	mehr als 250	bis zu 250	bis zu 100	bis zu 30
Dauer	mehrtägig	1 Tag	1 Tag bis mehrtägig	1 Tag bis mehrtägig
Form (Thema, Raumbedarf)	mehrere Veranstal-tungsteile	wenige Veranstal-tungsteile	einteilige Veranstal-tung	einteilige Veranstal-tung
Entschei-dungsraum	über 1 Jahr	bis zu einem Jahr	kurz-fristig	kurzfristig bis zu einem Jahr
Set up (Planung, Vorbereitung)	langfristig, komplex	mittelfristig, bis zu einem Jahr	kurz-fristige Planung	intensive Vorberei-tung, kleine technische Anforde-rungen

Tab. 2: Vom Seminar zum Kongress

Wie wichtig dieser Markt ist, zeigt sich daran, dass im Jahr 2012 in Deutschland über 2,3 Millionen Veranstaltungen im Bereich Bildungsevents durchgeführt wurden (vgl. Hanke-Haase 2013, S. 21).

Kulturevents

Kulturelle Events spielen in unserer Gesellschaft heutzutage eine wichtige Rolle und sind als charakteristische Form unserer Fest- und Freizeitkultur allgegenwärtig (vgl. Kröniger 2007, S. 9). Sie umfassen Konzerte und Theateraufführungen, Festspiele, Kunstausstellungen und Museumsevents, Festivals, aber auch religiöse Feste und Feiern. Oftmals sind solche Events Teil des **Tourismusmarketings** in den jeweiligen Ländern, Gemeinden und Städten. Die Verantwortlichen in den Dezernaten haben dabei längst erkannt, dass sowohl mithilfe kultureller Events das Image und die Attraktivität von Städten und Regionen gesteigert, als auch im Rahmen eines professionellen Stadtmarketings mithilfe von Events die wirtschaftliche Entwicklung gefördert und die Gunst der Städtetouristen erlangt werden kann (vgl. Allen 2008, S. 5).

Sportevents

Wie wir bereits im Kapitel „Zur Historie und Bedeutung von Events" gesehen haben, sind Sportevents seit Beginn der Menschheit ein wichtiger Bestandteil der Kultur. Daher bezeichnen wir als Sportevents alle Events, die eine oder mehrere Sportereignisse, die einen hohen Erlebnis- und Unterhaltungswert sowohl bei den Teilnehmern als auch bei den Zuschauern erzeugen können (vgl. Schmid 2006, S. 18). Dabei unterscheiden wir in diesem Zusammenhang noch zwischen Amateur- und Profisportevents. Heutzutage gehören dabei die Olympischen Spiele und die Fußballweltmeisterschaften zu den Megaevents, die weltweit die höchste Aufmerksamkeit erzielen.

Gesellschaftspolitische Events

Zu den gesellschaftspolitischen Events zählen wir zum einen die politischen Events, wie zum Beispiel Staatsbesuche, Parteitage und Wahlveranstaltungen, Militärparaden, aber auch mediale gesellschaftliche Events, wie VIP-Events, Eröffnungsfeiern, Galas und Charity Events.

Private Events

Unter der Kategorie private Events verstehen wir alle Feiern und Events, die im privaten Familienrahmen, wie zum Beispiel Geburtstagsfeiern, Hochzeiten, Familienfeiern, Taufen, aber auch Feiern für verstorbene Familienmitglieder (Beerdigungen), stattfinden.

Freizeitevents

Alle Events, die im Rahmen unserer Freizeitgestaltung stattfinden, können als sogenannte Freizeitevents bezeichnet werden. Dazu zählen die große Anzahl an Spiel- und Sportevents, die zur Unterhaltung und Freizeitgestaltung dienen.

Naturevents

Alle Events, die auf Naturereignissen basieren, können als sogenannte natürliche Events bzw. Naturevents bezeichnet werden. Dazu zählen neben der Sonnenwende, die Sonnen- und Mondfinsternis, eine Kometenerscheinung sowie Blüten und Ernten aber auch Naturkatastrophen wie zum Beispiel Vulkanausbrüche. Diese Arten von Events lassen sich zwar zum Teil vorhersagen und terminieren, jedoch lassen sich diese Naturereignisse nicht planen bzw. herbeiführen.

2.2 Eventformate aufgrund der Größe und Bedeutung

Neben des inhaltlichen Kontextes werden Events und deren Formate oftmals auch in der Literatur hinsichtlich ihrer Größe und Bedeutung unterteilt (vgl. Bowdin et al. 2010, S. 19; Allen 2008, S. 12). Dabei wird beispielsweise zwischen kleinen/lokalen bzw. regionalen Events, mittleren Events, Großevents bis hin zu Megaevents unterschieden. In der angloamerikanischen Literatur wird oftmals zwischen Local-, Major-, Hallmark- und Megaevents unterschieden. Dabei kann unterstellt werden, dass je nach Größe des Events das Besucheraufkommen, das mediale Interesse, die Infrastruktur, die wirtschaftlichen Einflüsse, die Eventkosten und Risiken ansteigen – das zeigt die folgende Abbildung.

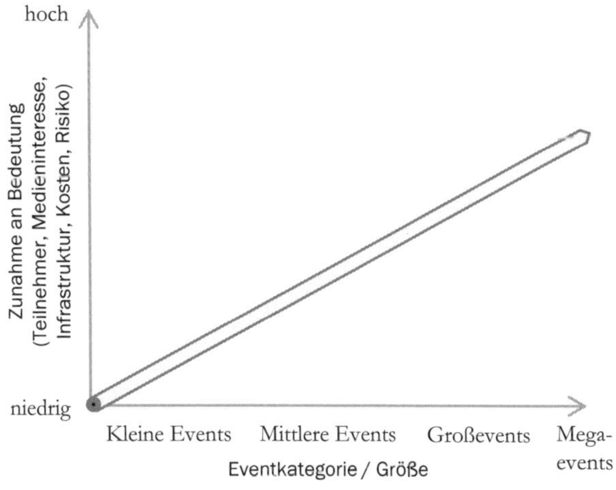

Abb. 10: Eventklassifizierung nach Eventgröße
Quelle: in Anlehnung an Bowdin

Kleine Events (regionale Events)

Bei den sogenannten kleinen Events handelt es sich meist um private, lokale oder regional begrenzte Events. Viele Städte und Gemeinden richten über das gesamte Jahr verteilt lokale bzw. regionale Events aus. Sie werden vor allem für die Bewohner in den jeweiligen Regionen ausgerichtet und erzielen ein regionales mediales Interesse. Meist stehen bei solchen Events soziale, gesellschaftliche, unterhaltsame und freizeitorientierte Ziele im Vordergrund. Das Stärken eines gemeinsamen *Wir-Gefühls*, des Dazugehörens wird durch solche Events oftmals erreicht. Kommunikation und Geselligkeit tragen zudem auch dazu bei, die Menschen für neue Ideen zu begeistern und sie zu einer Teilnahme an solchen Event zu ermutigen, seien es nun Sport- und/oder kulturelle Aktivitäten. Beispiele hierfür sind Stadtfeste, lokale Sportveranstaltungen, Kirmes und Kirchweih sowie Feste, die das regionale Brauchtum pflegen. Bei erfolgreichen lokalen Events kann es auch dazu kommen, dass diese über die

Region hinaus bekannt werden. Sie entwickeln somit eine überregionale Bekanntheit und wachsen zu mittleren Events bzw. überregionalen Events an.

Mittlere Events (überregionale/nationale Events)

Überregionale Events haben über den eigentlichen Austragungsort hinaus eine Bekanntheit bei den Zielgruppen und Medien erreicht. Durch ihre Bekanntheit und das gestiegene Medieninteresse erreichen sie Besucherzahlen, die über die Zahl der Anwohner hinausgehen. Zudem entwickeln sich solche Events aufgrund der hohe Besucherzahlen und der erhöhten Berichterstattung in den Medien zu einem wichtigen wirtschaftlichen Faktor für die Stadt bzw. Region. Hierzu zählen beispielsweise Sportevents und kulturelle Events, die weit über die Region hinaus bekannt sind, wie zum Beispiel ein Stadtmarathon, Deutsche Meisterschaften in verschiedenen Sportsdisziplinen, Fußballbundesligaspiele, Musikfestivals oder Landes- und Bundesgartenschauen. Erreichen diese Art von Events ein Besucher- und Medieninteresse, das über die Landesgrenzen hinausgeht, so entwickeln sich diese Events zu Großveranstaltungen.

Großevents

Großevents ziehen allein durch ihre Größe ein starkes Besucher- und Medieninteresse auf sich und sind weit über die Landesgrenzen hinaus bekannt. Solche Events genießen internationales Ansehen sowohl bei den Teilnehmern, als auch bei den Besuchern und Medienrepräsentanten, die ebenfalls international vertreten sind. Ob einmalige oder wiederkehrende Events, die während eines begrenzten Zeitraums stattfinden, Großevents stehen mit ihrem Erfolg für Einzigartigkeit. Durch ihren Status erreichen sie eine hohe Aufmerksamkeit. Beispiele sind das Münchner Oktoberfest, der Rosenmontagsumzug in Köln oder der Karneval in Rio, das Kirschblütenfest in Japan, das Holi-Fest in Nordindien, internationale Musikfestivals wie der Eurovision Song Contest, Rockkonzerte wie The Wall von

Pink Floyd, aber auch der Haddsch, die berühmte Pilgerreise nach Mekka, gehören sicherlich zu solchen Großevents.

Megaevents

Zu den Megaevents zählen schließlich die Events, deren Ausrichtung solche Dimensionen annimmt, dass sie Auswirkungen auf ganze Volkswirtschaften haben, eine weltweite Beachtung finden und über eine bedeutende globale Medienaufmerksamkeit verfügen. Die Ausrichtung solcher Events erfolgt in der Regel durch Ausschreibungen. Diese werden oft durch ein mehrstufiges Bewerbungs- und Auswahlverfahren gewonnen. Dazu gehören zum Beispiel die Olympischen Spiele, die Fußballweltmeisterschaften und Weltausstellungen. Gerade bei Megaevents wird die Größe ein wichtiges Kriterium und verdeutlicht, welche Auswirkungen solche Events haben, wenn Millionen von Besuchern während solcher Events in der Veranstaltungsregion untergebracht und versorgt werden müssen. Investitionen in Millionen- und zum Teil in Milliardenhöhe fließen in die gesamte Infrastruktur und haben gesamtwirtschaftliche Auswirkungen auf die Region und auf das Land, das solche Events ausrichtet. Neben allen positiven Effekten (wie primäre und sekundäre Einkommenseffekte, neue Arbeitsplätze, Image- und Werbeeffekte), die solche Megaevents haben, bergen solche Events auch erheblich finanzielle Risiken, die bei finanziellem Misserfolg später von den Ausrichtungsländern getragen werden müssen. Dies führte in letzter Zeit verstärkt immer wieder zu Diskussionen in der Öffentlichkeit, ob der *Gigantismus* solcher Events wie in den letzten Jahren noch tragbar ist, oder ob ein Umdenken bei der Ausrichtung solcher Megaevents stattfinden muss.

✱ Zusammenfassung

Events können unterschiedliche und oftmals vielfältige Formen aufweisen. Gängige Einordnungen für Events sind zum einen Einteilungen aufgrund der Eventinhalte, wie beispielsweise Business-Events, Kulturevents, Sportevents, Freizeitevents, private Events und Naturevents. Zum anderen lassen sich Events auch aufgrund der Eventgröße unterteilen. Dabei unterscheidet man zwischen kleinen regionalen Events, mittleren überregionalen Events, Großevents mit internationaler Bedeutung bis hin zu Megaevents mit globaler Bedeutung. Mit zunehmender Größe der Events wachsen neben der Bedeutung und Bekanntheit auch der Einfluss auf die Infrastruktur und die gesamtwirtschaftlichen Auswirkungen auf die Region bzw. das Land – sowohl die positiven Effekte (wie primäre und sekundäre Einkommenseffekte, neue Arbeitsplätze, Image- und Werbeeffekte) als auch die Risiken. In letzter Zeit wurden immer wieder Diskussionen in der Öffentlichkeit darüber geführt, ob der Gigantismus der Megaevents der letzten Jahre noch tragbar und angemessen ist, oder ob ein Umdenken bei der Ausrichtung solcher Megaevents stattfinden muss.

3 Business-Events

✱ Lernziele

Nach der Lektüre dieses Kapitels werden Sie wissen,

- welche unterschiedlichen Eventformate es im Bereich der Business-Events gibt.
- welche Rolle die Unternehmenskultur bei internationalen Business-Events spielt.
- welche Bedeutung internationale Business-Events in der gesamten Unternehmensstrategie besitzen.
- welche Trends derzeit im Bereich der Business-Events prägend sind.

Der Wandel von der markt- und kundenorientierten Wirtschaft hin zur Erlebnisgesellschaft (vgl. Pine/Gilmore 2000; Schulze 2005) hat unter anderem auch dazu beigetragen, dass Unternehmen verstärkt Events als Kommunikationsinstrument einsetzen. Hinzu kommt aber auch die Erkenntnis, dass die bisherigen klassischen Kommunikationsinstrumente allein nicht mehr ausreichen, um die bestehenden und potenziellen Kunden zu erreichen. Die Marketingspezialisten in den Unternehmen haben längst erkannt, dass Events eine entscheidende Rolle im nationalen sowie internationalen Markt spielen, um den Kunden über die Produkt- und Serviceleistungen des Unternehmens zu informieren und positiv zu beeinflussen. Allein in Deutschland gaben Unternehmen in den vergangenen Jahren weit mehr als eine halbe Milliarde Euro jährlich für Eventmaßnahmen aus. Dabei stiegen die *Spendings* (Ausgaben) für die sogenannten Marketingevents im Zeitraum von 2010 bis 2014 um fast 25 Prozent (vgl. FAMAB e. V. 2012, S. 2).

Ziele und Formate von Business-Events

Die unterschiedlichen Eventformen und -formate lassen sich aufgrund ihrer Inhalte gruppieren. Im folgenden Teil werden wir uns daher mit den Business-Events im internationalen Zusammenhang näher befassen. Bei den sogenannten Business-Events (oder **Marketingevents**) handelt es sich um Events, die von Unternehmen durchgeführt werden, um unternehmerische Ziele zu erreichen. In der englischsprachigen Literatur verwendet man dabei häufig den Begriff der **Corporate-Events** (Ferdinand/Kitchin 2012), während in der amerikanischen Literatur in dem Zusammenhang oftmals auch von **Special-Events** gesprochen wird (Goldblatt 2008). Um die Rolle von Business-Events zu verstehen, muss man zunächst die Unternehmenskultur und die Unterschiede in der Kultur der Unternehmen verstehen. Die Kultur eines Unternehmens wirkt sich auf die Art, wie Menschen denken, und die Prozesse aus, die sie bei der täglichen Durchführung ihrer Arbeit vollziehen. Aber auch die Art und Weise, wie die Mitarbeiter eines Unternehmens miteinander in Beziehung stehen, woran sie glauben und wofür sie stehen (vgl. Deal/Kennedy 2008, S. 21).

Die weltweit führenden Unternehmen können ihren Erfolg unter anderem auch auf eine starke Unternehmenskultur zurückführen. Dabei geht es um mehr, als nur darum, einen starken Slogan für sein Unternehmen zu entwickeln. Die Entwicklung einer starken **Unternehmenskultur** vollzieht und entwickelt sich über viele Jahre und muss permanent weiterverfolgt werden. Die Zeiten, in denen Events noch als Add-on-Maßnahme – losgelöst von der Unternehmenskultur – verstanden wurden, sind seit ein paar Jahren eindeutig vorbei. Und so wie Live-Kommunikation aus dem Marketing der Unternehmen nicht mehr wegzudenken ist, so sind diese Events immer auch von der Kultur des Unternehmens geprägt bzw. spiegeln die Kultur des Unternehmens wider. Damit wird auch deutlich, dass zum Beispiel eine Neuwageneinführung eines Automobilherstellers nicht genau mit dem gleichen Eventskonzept eines anderen

Automobilherstellers durchgeführt werden kann, da die Unternehmenskulturen der Hersteller unterschiedlich sind.

Die Ziele und Formate der Business-Events sind dabei vielfältig, wie die nachfolgende Tabelle zeigt:

Ziele und Formate von Business-Events	
Ziele	Formate
Schärfung des Unternehmensprofils Steigerung der Performance Erhöhung Unternehmens- und Markenimage Entwicklung neuer Märkte und Geschäfte Mitarbeiter-, Lieferanten- und Kundenbindung stärken Weiterbildung Mitarbeiter und Unternehmenspartner Wachstum durch Motivation	Produkteinführung (Product Launch) Messen Pressekonferenzen Hauptversammlungen Incentives Team-Building-Events Konferenzen Trainings Seminare

Tab. 3: Ziele und Formate von Business-Events

Ziele von Business-Events

Die Ziele der Unternehmen im Bereich der Business-Events lassen sich dabei in finanzielle und nicht-finanzielle Ziele unterteilen (vgl. Reic 2012, S. 269). Zu den finanziellen Zielen gehören zum Beispiel die Steigerung des Umsatzes oder die Erhöhung des RoI (Return of Investment), während zu den nichtfinanziellen Zielen die Mitarbeitermotivation, Networking, das Unternehmensimage oder aber auch die Kunden- bzw. Lieferantenbindung zählen würden. Gerade bei international bzw.

global tätigen Unternehmen werden Events häufig dazu verwendet, nicht-finanzielle Ziele zu erreichen, da diese langfristig einen positiven Effekt auf die finanzielle Gesamtsituation des Unternehmens haben.

Bezüglich der Formate lassen sich diese in interne, externe und gemischte Eventformate einteilen. Mit **internen Business-Events** wird dabei beabsichtigt, interne organisatorische Ziele zu erreichen. Dazu zählen beispielsweise Team-Building-Events im Rahmen einer Reorganisation innerhalb des Unternehmens oder einer Unternehmenseinheit, Incentive-Events als Danksagung oder Motivation für Mitarbeiter sowie Meetings, Trainings- und Weiterbildungsevents für Mitarbeiter. Dem gegenüber stehen die **externen Business-Events**, die eine externe Zielgruppe ansprechen, um über das Unternehmen, seine Marke, Produkte und Serviceleistungen zu informieren. Dazu gehören zum Beispiel Messen, Produkteinführungsevents, Pressekonferenzen oder Aktionärs- und Jahreshauptversammlungen.

Neben diesen Reinformen gibt es eine Reihe von Mischformen, die sowohl interne als auch externe Zielgruppen des Unternehmens ansprechen. Dazu zählen Konferenzen, Tagungen und öffentliche Unternehmensevents, wie zum Beispiel ein Tag der offenen Tür oder Firmenjubiläen.

Business-Eventformate

Im Folgenden sollen einige der Business-Events näher vorgestellt und deren Bedeutung im internationalen Zusammenhang analysiert werden.

- **Produkteinführungen (Product Launches):** Produkteinführungen gehören für Unternehmen heute zu den wichtigsten Firmenereignissen, denn sie sind in entscheidendem Maße für den unternehmerischen Erfolg und das Image verantwortlich. Eine Studie zeigt allerdings erstaunlicherweise, dass sich circa 80 Prozent aller Neueinführungen in den ersten drei Monaten als Flop im Markt erweisen (vgl. Lindstrøm

2009, S. 30). Kunden erwarten mehr von den Produkten und Services als nur eine kurzfristige Bedürfnisbefriedigung. Kunden erwarten eine erlebnisorientierte Befriedigung ihrer Bedürfnisse bzw. Wünsche, das heißt, Produkte müssen Mehrwerte gegenüber Konkurrenzprodukten und -leistungen bieten. Umso wichtiger ist es auch für die Unternehmen, dass sie den richtigen Zeitpunkt und den geeigneten Ort für ihre Produkteinführung wählen. Der Marketingevent bildet dabei den ersten Schritt zum Kontakt mit dem Kunden. Hier wird erstmals das Produkt bzw. der Service der Zielgruppe präsentiert. Gerade für Unternehmen, die in globalen Märkten agieren, gibt es Möglichkeiten, diesen Event via Livestream weltweit auszustrahlen, um so einen möglichst großen Anteil der Zielgruppe zu erreichen. Zudem spielt das richtige Eventkonzept für eine Produkteinführung eine besondere Rolle. Die Bandbreite reicht dabei von kleinen aber exklusiven Events bis hin zu Produkteinführungen, die vor großem Publikum stattfinden und per Livestream in die ganze Welt gesendet werden.

- **Messen und Ausstellungen:** „Messen haben von allen Marketinginstrumenten das mit Abstand breiteste Funktionsspektrum: Messen dienen der Anbahnung von Geschäften ebenso wie der Imagepflege, der Suche nach Partnern oder der Marktforschung. Entsprechendes gilt für die Besucherseite: Messen bieten optimale Voraussetzungen, um einen Marktüberblick zu gewinnen, Preise und Konditionen zu vergleichen, Produkte zu testen, Anwendungsmöglichkeiten zu diskutieren und um Verträge zu schließen" (Neven/Kanitz 2013, S. 3). Messen und Ausstellungen sind große Business-Events, die eine externe Zielgruppe ansprechen. Grundsätzlich lassen sich Messen in Fachbesuchermessen oder *B2B*-Messen (Business to Business) und Publikumsmessen oder *B2C*-Messen (Business to Consumer) einteilen. Die ausstellenden Unternehmen präsentieren den Messebesuchern auf ihren Messeständen ihre Produkte und Serviceleistungen. Mithilfe von Messen lassen sich unterschiedliche Marketingziele des Unternehmens realisieren (siehe Tabelle). Diese lassen sich in potenzialbezogene, marketingbezogene und wirtschaftliche Ziele unterteilen.

Ziele		
potenzialbezogen	markterfolgsbezogen	wirtschaftlich
Bekanntheitsgrad des Unternehmens	Absatz	Umsatz
Bekanntheitsgrad des Leistungsangebots	Marktanteil	Marketingkosten
Image des Unternehmens	Zahl der Kunden	Deckungsbeitrag
Image des Leistungsangebots	Kundenloyalität	Gewinn
	Kauffrequenz	Umsatzrendite
	Preisniveau	

Tab. 4: Messeziele

Nach einer aktuellen Studie des AUMA (Ausstellungs- und Messe-Ausschuss der Deutschen Wirtschaft e. V.) zählen Unternehmen Messen und Ausstellungen – nach der Unternehmenswebsite – zu den wichtigsten Kommunikationsmitteln, um über ihre Produkte und Leistungen zu informieren. Ebenso nennen Fachbesucher Messen und Ausstellungen als wichtigstes Medium nach dem Internet, um sich über Produkte und Serviceleistungen von Unternehmen zu informieren (vgl. Neven/Kanitz 2013, S. 10). Das lässt sich auch daran erkennen, dass sich in den vergangenen Jahrzehnten bei den meisten Messen ein Wandel vom Kaufereignis hin zum Kommunikations- und Informationserlebnis vollzogen hat.

Im Hinblick auf Internationalität spielen Messen eine herausragende Rolle. Allein in Deutschland fanden 2013 rund 150 internationale Messen und Ausstellungen mit circa 180.000 Ausstellern statt. Die Internationalität zeigt sich darin, dass die Auslandsbeteiligung über 50 Prozent lag. Von den ausländischen Ausstellern aus 193 Ländern hat ein Drittel den Firmensitz außerhalb Europas (vgl. Neven/Kanitz 2013, S. 7). Auch auf der Besucherseite spiegelt sich diese Internationalität wider. Von den jährlich circa 10 Millionen Besuchern kommen nach Angaben des AUMA rund 25 Prozent aus dem Ausland. Dabei gehören die meisten ausländischen Besucher zum Topmanagement (vgl. Neven/ Kanitz 2013, S. 8). Für die Fachbesucher liegt der Vorteil der Messe darin, dass sie sich während eines begrenzten Zeitraums an einem bestimmten Ort oftmals über das Weltangebot an Produkten und Leistungen informieren können. Für die Aussteller liegt der Vorteil darin, dass sie durch die Messebeteiligung ein großes Abnehmerpotenzial erreichen und gleichzeitig auch einen Überblick über den Wettbewerb erhalten. Durch die Spezialisierung und internationale Ausstrahlung werden so Voraussetzungen für weltweite Branchenkompetenzen geschaffen.

Darüber hinaus beteiligen sich international agierende Unternehmen auch an ausländischen Messen, das heißt, Messen, die außerhalb des Landesfirmensitzes stattfinden. Allein in Europa fanden 2013 rund 2.181 Messen auf einer Gesamtfläche von circa 22 Millionen m² statt. Auf diesen Messen waren über 600.000 Aussteller und circa 60 Millionen Besucher vertreten. 35 Prozent der Messen waren reine Fachbesuchermessen, 29 Prozent Publikumsmessen und circa 36 Prozent sowohl für Fach- als auch Publikumsbesucher zugänglich (vgl. UFI 2013, S. 4).

Messebeteiligungen sind für die meisten Aussteller sowohl im nationalen als auch im internationalen Kontext ein integraler Bestandteil ihres Kommunikationsmix. Mit der Beteiligung an einer Messe haben Aussteller die Möglichkeit, gleichzeitig alle Elemente der Kommunikations-, Preis-, Konditions-, Distributions- und Produktpolitik ihres Unternehmens einzusetzen.

- **Incentive-Events:** Das englische Wort *incentive* wird im *Dictionary of Contemporary English* definiert als „[...] something that encourages you to work harder, start a new activity" (Longman English Dictionary Online 2014). Dabei hat das Wort seinen Ursprung im lateinischen Adjektiv *incentivus*, was so viel wie „anregend, reizend" bedeutet. In Verbindung mit Events bedeutet dies, dass mithilfe von Incentive-Events Mitarbeiter motiviert werden sollen, um bestimmte Unternehmensziele zu erreichen, oder Mitarbeiter als eine Art Belohnung an solchen Events teilnehmen, wenn diese Ziele erreicht wurden. Incentive-Events sind also in Unternehmen zu einer Art Management-Tool geworden, um außergewöhnliche Unternehmensziele durch Belohnung derjenigen zu verwirklichen, die dazu beitragen, diese Ziele zu erreichen.

  Oft sind Incentive-Events mit einer Reise verbunden. Die sogenannten *Incentive-Reisen* sind im Grunde unvergessliche und angenehme Reisen, die vom Arbeitgeber bezahlt werden. Ziel solcher Reisen ist es, die Mitarbeiter zum Erreichen anspruchsvoller Unternehmensziele besonders anzuspornen. Allerdings werden auch oft Incentive-Events mit nicht vertriebsrelevanten Zielen, wie zum Beispiel höherer Mitarbeiterzufriedenheit, Verringerung der Personalfluktuation und/oder stärkerer Zusammengehörigkeit (*Team Building*) geplant und durchgeführt. Neben freizeitorientierten Elementen können Incentive-Events aber auch geschäftliche Programminhalte enthalten, wie zum Beispiel Workshops oder eine Rede seitens der Unternehmensführung zur geschäftlichen Situation des Unternehmens.

  Die nachfolgende Tabelle zeigt jeweils einige der Vorteile für Arbeitgeber und Arbeitnehmer auf, die mit Incentive-Events verbunden sind.

Arbeitgeber	Arbeitnehmer
Unternehmenskultur und soziale Interaktion fördern	Status und Prestige
Begeisterung und Motivation für die folgende Geschäftsperiode erzeugen	Motivation für Teamgefühl
Loyalität fördern	physische Motivation (Ruhe, Gesundheit, Sport)
Fluktuation verringern	kulturelle Motivation
Kommunikation ermöglichen	höhere Akzeptanz für längere Arbeitszeiten
Networking, besonders für Führungskräfte des Unternehmens erleichtern	
Umsatz- und Gewinnsteigerung	
Steigerung des Produktivität	
Serviceverbesserung	
Verbesserung der Arbeitsleistung	
Motivation	
Team Building	

Tab. 5: Vorteile von Incentive-Events aus Sicht der Arbeitgeber und Arbeitnehmer

Eine im Jahr 2010 von SITE (Society for Incentive Travel Excellence) durchgeführte Studie zum deutschen Incentive-Eventmarkt zeigt deutlich, wie wichtig Incentive-Events für Unternehmer sind. Die Studie zeigt, dass Deutschland an der Spitze der wichtigsten Märkte für Incentive- und Motivationsreisen bleibt – sowohl für inländische als auch für internationale Anbieter (vgl. Fischer 2011, S. 15).

- **Pressekonferenzen:** Bei einer Pressekonferenz laden Unternehmen die Medien ein, um Informationen über das Unternehmen über die Medien (TV, Radio, Print) zu veröffentlichen. In einer Pressekonferenz entscheiden die Unternehmen selbst, welche Art von Informationen den Medien präsentiert wird, wie diese Informationen präsentiert werden und wer die Informationen präsentiert. Da die Teilnahme an einer Pressekonferenz seitens der Medienvertreter freiwillig erfolgt, besteht auch seitens der Medien keinerlei Verpflichtung, daran teilzunehmen, bzw. entscheiden die Medien selbst, welche Medienvertreter an der Pressekonferenz teilnehmen. Um eine Pressekonferenz abzuhalten, wählen die Unternehmen den Ort und Zeitpunkt für die Pressekonferenz aus, laden die jeweiligen Medien ein, informieren auf der Pressekonferenz und beantworten Fragen der Reporter.

Pressekonferenzen (PKs) können durchaus eine effiziente Methode sein, um Unternehmensnachrichten zu publizieren, aber die PK selbst muss strategisch und gut organisiert und geplant sein. Wenn ein Unternehmen wöchentlich eine Pressekonferenz abhält, ohne dabei echte News für die Reporter zu haben, werden diese bald den weiteren PKs fernbleiben. Daher sollten sich die Eventverantwortlichen sehr klar über die Ziele einer Pressekonferenz sein.

Einige **Ziele** einer Pressekonferenz können sein,

→ die Öffentlichkeit über geschäftliche/wirtschaftliche Situation zu informieren,
→ die Stakeholder über geschäftliche/wirtschaftliche Situation zu informieren,
→ die Öffentlichkeit über Handlungen des Unternehmens zu informieren,
→ wichtige Unternehmensziele zu präsentieren.

Es sollten daher immer wichtige Gründe vorhanden sein, um zu einer Pressekonferenz einzuladen. Entscheidend ist dabei, welche Informationen an die Medien weitergegeben werden sollen und welche Person aus dem Unternehmen die Information an die Medien geben soll. Bei der Auswahl der Location ist darauf zu achten, dass das erforderliche Equipment bereitgestellt wird. Neben der technischen Ausstattung, wie zum Beispiel Mikrofon und ausreichendes Licht, gehören dazu auch dem Corporate Design des Unternehmens entsprechende Materialien, wie zum Beispiel Firmenlogo, Banner etc.

Beim Timing ist es wichtig, unter Berücksichtigung von Fristen das richtige Datum und die richtige Uhrzeit für die Pressekonferenz zu finden. Normalerweise sind die besten Wochentage Dienstag bis Donnerstag. Des Weiteren ist sicherzustellen, dass zum Zeitpunkt der Konferenz nicht bereits konkurrierende News-Termine feststehen.

Die Einladungen zur Pressekonferenz erfolgen zumeist über den Presseverteiler des Unternehmens. Bei internationalen Pressekonferenzen erfolgen diese zumeist mehrsprachig (Hauptunternehmenssprache und Englisch und/oder eine weitere Sprache).

Bei der Vorbereitung ist es wichtig, die einzelnen Sprecher auf die zu vermittelnden Informationen und Botschaften genau vorzubereiten. In der Regel ist es ausreichend, wenn nur ein oder zwei Sprecher im Rahmen einer Pressekonferenz sprechen. Die Statements der Sprecher sollten kurz und verständlich sein und in der Regel nicht länger als zehn Minuten dauern. Daneben sollten die Sprecher im Thema sein, um auf Fragen der Reporter kompetent zu antworten. Oft wünschen die Reporter, die Sprecher in Einzelgesprächen zu interviewen. Unternehmen geben daher den Medien die Möglichkeit, dass die Sprecher nach der Pressekonferenz für Einzelinterviews zur Verfügung stehen.

Bei einer Pressekonferenz wählen Unternehmen zuweilen einen Moderator (mit guter Reputation bei den Medien) aus, der die Gäste zur Pressekonferenz begrüßt, den Ablauf der Konferenz lenkt und schließlich die Pressekonferenz beendet.

✱ Tipp!

Die Pressemappe

Reporter und Teilnehmer der Pressekonferenz erhalten eine Pressemappe. Die Pressemappe (bei internationalen PKs entsprechend mehrsprachig) enthält meistens:

- Schriftsatz der Statements oder Pressemitteilung,
- Paket mit sogenannten Factsheets, Diagrammen oder Grafiken,
- Fotos des Unternehmens oder der Sprecher bzw. Firmenvertreter.

Journalisten erwarten heutzutage, dass die Materialien auch elektronisch zur Verfügung gestellt werden.

Ablauf der Pressekonferenz

Vor der Pressekonferenz müssen die Rollen der Sprecher genau festgelegt sein. Es ist daher wichtig, dass mit den Beteiligten der Ablauf der Pressekonferenz vorab besprochen wird. Wichtig dabei ist, auf die entscheidende Frage „Was ist, wenn …?“ eine Antwort zu finden, beispielsweise: „Was ist, wenn ein Reporter eine Frage stellt, die nicht zum Thema gehört?“

Fernsehreporter sollten mindestens 15 Minuten vor Beginn der Konferenz begrüßt und eingelassen werden, da sie in der Regel Zeit für die Errichtung ihrer technischen Anlage benötigen. Alle Medienvertreter werden am Eingang zum Presseraum vorab begrüßt, akkreditiert und erhalten die Pressemappe. Der Moderator begrüßt zum offiziellen Beginn der Pressekonferenz alle Gäste und Teilnehmer und stellt den/die Sprecher kurz vor. Anschließend erfolgen die zehn- bis fünfzehnminütigen Informationen für die Medienvertreter. Im Anschluss stehen die Sprecher den Medien für Fragen zur Verfügung.

Die Antworten sollten verständlich, informativ, die Frage betreffend und prägnant sein. Bei internationalen Pressekonferenzen stehen Dolmetscher für die simultanen Übersetzungen der Statements sowie der Fragen und Antworten zur Verfügung. Nachdem die Fragen durch die Sprecher beantwortet wurden, beendet der Moderator die Pressekonferenz und bedankt sich bei den Medienvertretern für ihr Kommen.

✱ Zusammenfassung

Ob die Einführung eines neuen Produktes oder einer neuen Serviceleistung (Product Launch), eine nationale oder internationale Messebeteiligung, ob Incentive-Events für Mitarbeiter oder Partner des Unternehmens, Meetings oder Pressekonferenzen – Business-Events sind zu einem wichtigen Kommunikationsmittel im gesamten Kommunikationsmix eines Unternehmens geworden. Gerade international und global operierende Unternehmen und Organisationen setzen auf Events, um mit ihren Zielgruppen über die Landesgrenzen hinaus zu kommunizieren. Um die Zielgruppe effektiv mithilfe von Business-Events erreichen zu können, ist es unabdingbar, die Zielesetzungen genau festzulegen, bevor über das Eventformat entschieden wird. Die Ziele und Eventformate müssen darüber hinaus mit den strategischen Zielen des Unternehmens und der jeweiligen Unternehmenskultur in Einklang stehen und können nur im gesamten Marketingkontext erfolgreich eingesetzt werden.

4 Sportevents

Sportevents sind seit Anbeginn der Menschheit ein wichtiger Bestandteil ihrer Kulturgeschichte. Sportevents erzeugen damals wie heute einen hohen Erlebnis- und Unterhaltungswert, sowohl bei den Teilnehmern als auch bei den Zuschauern. Ob Amateur- oder Profisportevents, heutzutage gehören Sportveranstaltungen zu den wichtigsten Events in unserer *Erlebnisgesellschaft*. Dabei erzielen die Olympischen Spiele und die Fußballweltmeisterschaften als Megaevents die weltweit höchste Aufmerksamkeit.

✱ Lernziele

Nach der Lektüre dieses Kapitels werden Sie wissen,

- wie sich Sportevents im Laufe der Geschichte entwickelt haben.
- welche Bedeutung Sportevents in der Gesellschaft haben.
- welche Hauptakteure an der Organisation von internationalen Sportevents beteiligt sind.
- welche Aufgaben und Bedeutung Verbände bei der Organisation von internationalen Sportevents haben.
- welche Herausforderungen zukünftig an internationale Sportevents gestellt werden.

4.1 Historie der Sportevents

Es gab schon in der Zeit der frühen Hochkulturen erste sportliche Wettkämpfe wie Laufen, Ringen, Speerwurf oder Boxen, um sich auf militärische Auseinandersetzungen oder für die Jagd vorzubereiten.

Zur Zeit der griechischen Antike waren dann die Olympischen Spiele die ersten großen Sportevents in der griechischen Kultur (vgl. Nikopoulos 2004b, S. 208, 223f.; Sinn 2004, S. 108f). Die Olympischen Spiele wurden 776 v. Chr. erstmals zu Ehren des Gottes Zeus ausgetragen (vgl. Olympic.org – Official Website of the Olympic Movement (o. J.) a). Zunächst als eintägiger Sportevent mit lediglich einer Disziplin (Stadionlauf – einem Lauf von circa 200 Metern, dies entsprach der Länge des Stadions) geplant, entwickelten sich die Spiele immer weiter und dauerten bereits im 5. Jahrhundert v. Chr. schon fünf Tage. Disziplinen in dieser Zeit waren Läufe über verschiedene Distanzen (circa 200 Meter, circa 400 Meter und Langläufe von circa 1.400 Meter und circa 4.800 Meter). Einen Marathonlauf gab es bei den antiken Olympischen Spielen nicht. Diese Disziplin wurde erst mit den Olympischen Spielen der Neuzeit eingeführt. Daneben gab es noch einen Lauf in über circa 200 m und 400 m, den die Läufer bewaffnet mit Schild und Schwert sowie in Rüstung absolvieren mussten. Ringkampf, Boxkampf, Pankration (ein Ring-Box-Kampf), Speerwurf, Penthalon (ein Mehrkampf bestehend aus Laufen, Springen und Diskuswerfen) und zwei Arten von Pferderennen (jeweils ein Wagenrennen mit Zwei- und Vierspännern über zwölf Stadionrunden und ein Reiterrennen über sechs Stadionrunden) waren weitere wichtige olympische Disziplinen (vgl. Olympic.org – Official Website of the Olympic Movement (o. J.) b).

Im Jahre 394 n. Chr. wurden die Olympischen Spiele dann von Kaiser Theodosius I. als heidnisches Fest (zu Ehren des Gott Zeus) bezeichnet und verboten. Bis zu diesem Zeitpunkt fanden die Spiele über 1.000 Jahre lang regelmäßig statt – ein erstaunlicher Zeitraum. Aufgrund dieser Tatsache und der Popularität über die eigentlichen Grenzen hinaus, können die Olympischen Spiele der Antike als erster internationaler Sportevent bezeichnet werden.

Zur Zeit der Römer wurden sportliche Veranstaltungen häufig als Schaukämpfe zur dramatischen Unterhaltung abgehalten. Schützten zur Zeit der Olympische Spiele die Boxer mit Bandagen ihre Hand vor Verletzungen, so waren zur Zeit der Römer diese Bandagen mit Nägeln bespickt, um den Gegner zu verletzen und zu töten. Mit dem Ende des Römischen Reiches geriet auch der Boxkampf als Sportart für fast 1.000 Jahre in Vergessenheit. Wie erwähnt, erfreuten sich bei den Römern die Wagenrennen im Circus Maximus besonderer Beliebtheit und die Sieger waren Helden, die neben Siegerpalmen noch Kronen und Goldketten erhielten (vgl. Nikopoulos 2004a, S. 230). Mit der Expansion des Römischen Reiches wurden auch diese Wettkämpfe in die eroberten Länder und Regionen *exportiert*.

Im Mittelalter waren vor allem die Ritterturniere und Tjosts (Wettkampf zweier Reiter mit Lanzen) Teil eines Sportevents. Diese Sportwettkämpfe waren aber zugleich auch ein Training für anstehende Kämpfe und Feldzüge. So gab es neben dem Tjost auch Wettkämpfe mit verschiedenen Waffen, wie zum Beispiel mit dem Bogen, dem Schwert, der Streitaxt oder dem Dolch. Die Adligen der Gesellschaft wurden vom König dazu angehalten, derartige Turniere regelmäßig durchzuführen, um die Ritter fit zu halten und ihre Kampfpraxis auch in Friedenszeiten fortzubilden. Neben den Turnieren und Tjosts war vor allem das Bogenschießen eine wichtige Sportart im Mittelalter, die zeitweise in England sogar per Gesetz als Pflichtsportart für jeden Mann (im Alter von 15 bis 60 Jahren) galt. Dazu wurden eigens im ganzen Land Übungsplätze (engl. *Butts*) zur Verfügung gestellt, auf denen öffentliche Trainings stattfanden. Im Jahr 1369 verbot der englische König Edward III. per Edikt das Fußballspiel (damals noch Gameball genannt), da es die Männer vom Bogenschießen abhalte (vgl. FIFA 2012, S. 16). Im Spätmittelalter entstanden daraus die ersten Schützenfeste und etablierten sich in der Gesellschaft (vgl. Meier 2004, S. 7). Daneben entwickelten sich in der mittelalterlichen Gesellschaft aber auch weitere Sportarten.

Sportarten des Mittelalters

- Lanzenwettkampf
- Bogenschießen
- Jagen (Schwarz- und Rotwild)
- Gameball: ein einfaches Fußballspiel ohne feste Regeln, das so gefährlich war, dass mehrere Könige versuchten, den Sport vollständig zu verbieten
- Hammerwerfen
- Hurling oder Shinty: ein ähnliches Spiel wie Hockey
- Hufeisenwerfen: Hufeisen nahe an ein Ziel werfen
- Fechtturniere
- Skittles: ein Vorläufer des modernen Bowlings, erstmals 1299 in Southampton dokumentiert
- Ringen

Abb. 11: Ritter mit Lanze
Quelle: © ivan-96, iStockphoto.com

Im 16. Jahrhundert entwickelten sich dann in Europa weitere populäre Sportarten wie Golf, Curling und Eishockey, aber auch Tennis (wurde zunächst nur in Räumen gespielt) und Billard erfreuten sich großer Beliebtheit. Die meisten der Sportarten waren jedoch den oberen gesellschaftlichen Schichten vorbehalten.

In den folgenden Jahrzehnten wurden sportliche Aktivitäten zur Freizeitgestaltung immer mehr aus dem öffentlichen Leben gedrängt. Streng religiöse Ansichten verboten die Ausübung von Sport an Sonntagen, da sie „den Geist des Sonntags und des Gebets" missachteten. So verbrannten beispielsweise radikale Protestanten 1618 das *Book of Sports*, das auch am Sonntag das Betreiben von populären Sportarten seitens des Königs erlaubte (vgl. Behringer 2012, S. 12). Zudem forderte die beginnende Industrialisierung regelmäßige Arbeitszeiten und bei größeren sportlichen Veranstaltungen befürchtete man soziale Massenunruhen, sodass diese ebenso verboten wurden.

Ende des 18. Jahrhunderts waren es die Pädagogen Johann Friedrich Gutsmuths (1759–1839) und Friedrich Ludwig Jahn (1778–1852), die Turnübungen an Geräten für Jungen und junge Männer entworfen hatten. Sie legten somit den Grundstein für das, was wir heute als Geräteturnen und moderne Gymnastik bezeichnen. Jahn förderte den Einsatz von Barren, Ringen und Reck im internationalen Wettbewerb. Zunehmend trennten sich auch der Amateur- und Profisport voneinander, was sich in der Bildung und Etablierung einzelner nationaler und internationaler Sportverbände widerspiegelt.

Gründung	Abkürzung	Verband
1863	FA	Englischer Fußballverband
1881	FIG	Internationaler Gymnastikverband
1882	IFAB	International Football Association Board
1894	IOC	Internationales Olympisches Komitee
1900	DFB	Deutscher F ußball-Bund
1900	UCI	Internationaler Radsportverband

1904	FIA	Internationaler Automobilverband
1904	FIFA	Internationaler Fußballverband
1908	IIHF	Internationaler Eishockeyverband
1909	ICC	Internationaler Cricketverband
1912	IAAF	Internationaler Leichtathletikverband
1913	ITF	Internationaler Tennisverband
1921	NBA, später WBA	Weltboxverband
1924	FIS	Internationaler Skiverband

Tab. 6: Eckdaten und Gründungsjahre ausgewählter Verbände

Im 19. Jahrhundert entwickelte sich der Sport im Rahmen eines Moralkodexes, der von der bürgerlichen Mittelschicht her definiert wurde. Sportliche Wettbewerbe mussten fair und regelgeleitet mit ähnlichen Bedingungen für alle Spieler abgehalten werden. Sport entwickelte sich durch den Einfluss der Technologie, der öffentlichen Schulen und der nationalen Kontrollgremien weiter. Ein Wendepunkt in der Entwicklung von Sportevents ist sicherlich darin zu sehen, dass der Samstagnachmittag frei von Arbeit war, sodass man sich zum einen sportlich betätigen und zum anderen als Zuschauer Sportveranstaltungen besuchen konnte.

Ein großer Schritt in die Internationalisierung der Sportevents sind sicherlich die **Olympischen Spiele der Neuzeit**, die 1896 erstmals in Athen stattfanden. Begründer der modernen Olympischen Spiele war der bereits zuvor angesprochene Pierre Baron de Coubertin (1863–1937), der in seiner Vision die Spiele als regelmäßiges sportliches Treffen und Begegnung der Jugend aus aller Welt sah (vgl. Bierstedt 2013, S. 41). Am 6. April 1896 wurden daher erstmals die Olympischen Spiele der Neuzeit im alten Olympiastadion in Athen vor rund 60.000 Zuschauern feierlich eröffnet. An den Wettkämpfen nahmen bis zum 15. April 241 Athleten aus 14 Ländern teil (vgl. Bierstedt 2013, S. 51).

Abb. 12: Historisches Olympiastadion in Athen
Quelle: © vlas2002, fotolia.com

Nach dem Erfolg der Spiele im Jahr 1896 traten die Spiele in eine Phase der Stagnation ein und wären fast gescheitert. Grund dafür waren die Olympischen Spiele zur Pariser Weltausstellung im Jahr 1900 und zur Weltausstellung in St. Louis, USA, im Jahr 1904. Die Spiele in Paris fanden auf dem Gelände der Weltausstellung statt und verfügten über kein eigenes Stadion. Bemerkenswert aber ist die Tatsache, dass erstmals Frauen an den Spielen teilnahmen. An den Spielen in St. Louis nahmen rund 650 Sportler teil, allerdings waren davon 580 Sportler aus den Vereinigten Staaten, von Internationalität konnte hier nur schwerlich die Rede sein. Bereits zwei Jahre (anstatt vier Jahre) später fanden dann 1906 die Spiele wieder in Athen statt – sie wurden als internationales Multi-Sportereignis gefeiert. Die Spiele wurden durch das Internationale Olympische Komitee als die Zweiten Internationalen Olympischen Spielen in Athen bezeichnet. Nach dem Ersten Weltkrieg entschied das IOC im Jahr 1921, auch Olympische Winterspiele auszutragen. So kam es dann, dass 1924 in Chamonix, Frankreich, erstmals Olympische Winterspiele stattfanden. Obwohl die Organisatoren ursprünglich versuchten, sowohl die Sommer- als auch die Winterspiele im selben Land auszutragen, wurde diese Idee schnell wieder aufgegeben. Das IOC beschloss nur, dass die Winterspiele alle vier Jahre in dem gleichen Jahr wie die Sommerspiele stattfinden sollten. Diese Tradition wurde bis 1992 bei den Spielen in Albertville, Frankreich, fortgeführt. Aufgrund des immensen Organisationsaufwands von zwei Olympischen Spielen in einem Jahr beschloss man, den Turnus der Winterspiele um zwei Jahre zu versetzen. Seit 1994 finden somit die Olympischen Winterspiele zwei Jahre nach jeden Olympischen Sommerspielen statt. Heute gelten die Olympischen Spiele weltweit als Megaevents, die von Milliarden Menschen verfolgt werden.

Hier noch einige wichtige Eckdaten internationaler Sportwettkämpfe:

Jahr	Wettbewerb	Hinweis
1834	Lacrosse-Turnier	*populäres Feldballspiel in Amerika, spielten bereits die Ureinwohnern von Amerika und Kanada*
1851	America's Cup	*legendäre Segelregatta*
1855	Eishockeyturnier in Kingston, Ontario	
1858	erstes Australian Rules Football-Turnier	
1860	British Open Golfturnier	

1875	The Kentucky Derby	*Pferderennen*
1876	Start der Baseball's National League in den USA	
1877	Wimbledon Tennisturnier	
1877	erstes Cricket-Spiel zwischen Australien und England	
1896	die ersten Olympischen Spiele der Neuzeit	
1903	Tour de France	*Radrennen*
1906	Targa Florio	*erstes Autorennen*
1911	Commonwealth Games	
1911	Indianapolis 500	*Autorennen*
1930	Fußballweltmeisterschaft in Uruguay	
1960	Weltspiele für Behinderte	*später Paralympics*

Tab. 7: Ausgewählte Sportwettkämpfe und deren Erstaustragungsjahr

Heutzutage spielen internationale Sportevents sowohl im Amateur- als auch im Profisport eine der bedeutendsten Rollen in der Eventindustrie. Gerade internationale Sportevents haben in den letzten 30 Jahren eine dynamische Entwicklung erlebt. Technische Entwicklungen wie Internet, Satellitenfernsehen und Onlinemedien haben dazu beigetragen, dass diese Ereignisse international Beachtung finden. Liveübertragungen im Fernsehen, Radio oder Internet machen diese Events weltweit den Menschen zugänglich. Zudem spielen neben den technologischen auch politische, soziale und ökonomische Entwicklungen eine entscheidende Rolle für den Erfolg internationaler Sportevents. Oft genug war die Austragung der Olympischen Spiele in der Vergangenheit gleichzeitig eine Demonstration der politischen Stärke bzw. Macht des jeweiligen Gastgeberlandes.

Wie wir gesehen haben, haben viele der international bekannten Sportevents eine lange Tradition und sich in ihrer Historie von zunächst lokalen Sportevents zu internationalen Groß- oder Megaevents entwickelt. Schaut man sich die Entwicklung der **Fußballweltmeisterschaft** (Herren) an, galt Fußball zunächst gar nicht als Wettkampfsportart. Bei den ersten Olympischen Spielen der Neuzeit 1896 war Fußball nicht einmal im olympischen Programm vertreten, denn die Verantwortlichen hielten Fußball für die Olympischen Spiele ungeeignet. Da es sich bei Fußball auch nicht um eine Wettkampfsportart, sondern nur um ein Spiel handelte, betrachteten sie Fußball eher als Showeinlage. In Paris (1900) waren dann auch nur Frankreich, Belgien und England mit einer Mannschaft anwesend. Ein Durchbruch für den internationalen Fußball war dann die Vergabe der Spiele an London im Jahre 1908. Im Heimatland des Fußballs stellten neben England auch die Verbände aus Frankreich, Dänemark, Schweden und den Niederlanden eine Mannschaft auf (vgl. Huba 2007, S. 25). Zum Meilenstein der internationalen Fußballgeschichte wurden die Olympischen Spiele 1924. Neben den europäischen Mannschaften waren auch ein Team aus Ägypten, ein US-Team und ein Team aus Uruguay dabei. Schon vier Jahre später wurden 1928 viele Mannschaften aus Südamerika zu Gastspielen nach Europa eingeladen. Doch der Erfolg des internationalen Fußballturniers während der Olympischen Spiele wurde zum Problem für die FIFA. Die Olympiateilnehmer mussten Amateure sein, was zur Absage einiger wichtiger Länder führte. Daher entschied die FIFA sich bei einer Tagung am 28. Mai 1929 für die Organisation einer eigenen Fußballweltmeisterschaft. Neben Uruguay bewarben sich auch einige europäische Länder um die Austragung, doch aufgrund der Weltwirtschaftskrise scheuten viele europäische Länder die Kosten und am Ende waren nur noch Italien, Ungarn und Uruguay übrig (vgl. Reiter 2009, S. 29). 1930 war Uruguay Austragungsort der ersten

Fußballweltmeisterschaft und gewann diese auch. 1958 wurde dann die Fußball-WM in Schweden erstmals weltweit live übertragen (vgl. FIFA 2012, S. 18). Heute ist die Fußballweltmeisterschaft als Megaevent, wie auch die Olympischen Spiele, ein Milliardengeschäft. So generiert die FIFA 90 Prozent ihrer Einnahmen (2013: circa 1.386 Millionen US-Dollar) aus dem Verkauf der Fernseh-, Marketing-, Hospitality- und Lizenzrechte für die Fußballweltmeisterschaft (vgl. FIFA 2012, S. 22).

Andere wichtige jährlich stattfindende internationale Sportevents, die internationales Medien- und Besucherinteresse generieren, sind die verschiedenen Weltmeisterschaften wie zum Beispiel Formel 1, Tennis ATP Touren, Golf PGA Touren, Rad-WM, Leichtathletik- oder Schwimmweltmeisterschaften. Hinzu kommen die kontinentalen Meisterschaften (zum Beispiel Europameisterschaften) in verschiedenen Sportdisziplinen.

4.2 Hauptakteure der Evententwicklung international

Wie wir im vorherigen Abschnitt erfahren haben, haben viele der heutigen internationalen Sportveranstaltungen eine lange Historie und oftmals auch Organisatoren bzw. Organisationen, die diese Events und deren Entwicklung maßgeblich gefördert, beeinflusst und mitbestimmt haben. In diesem Zusammenhang benennen Ferdinand und Kitchin drei Hauptakteure bei der Entwicklung von internationalen Sportevents (vgl. Kitchin 2012, S. 235):

- Sportorganisationen
- Sportkonsumenten
- Nicht-Sportorganisationen

Sportorganisationen

Zu den Sportorganisationen zählen die Sportclubs und Sportvereine, die primär zunächst das Produkt Sport bzw. die Ausübung einer Sportart zur Verfügung stellen. Neben dieser Produktleistung werden aber auch zusätzliche Serviceleistungen angeboten, wie zum Beispiel Trainingseinheiten und Unterricht sowie die Teilnahme an und Ausrichtung von sportlichen Wettkämpfen. Die Arbeit in den einzelnen Sportclubs und -vereinen wird wiederum von äußeren Faktoren beeinflusst.

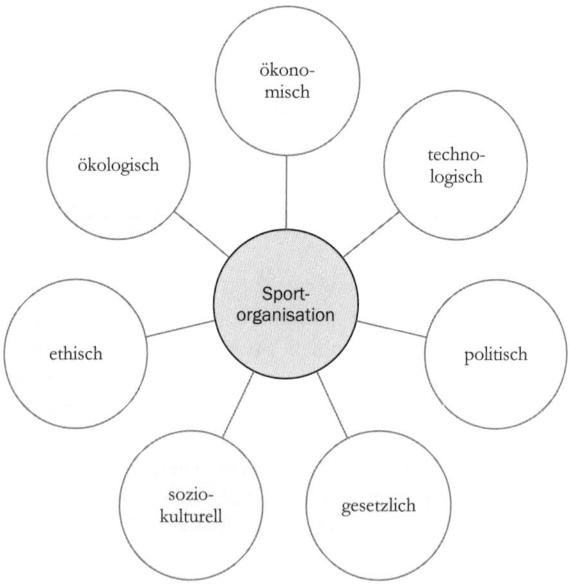

Abb. 13: Äußere Einflussfaktoren auf Sportorganisationen

Der langfristige Erfolg solcher Sportorganisationen ist abhängig davon, wie ökonomisch sie agieren (Mitgliedergewinnung, Ausbildungs- und Trainingsarbeit, erfolgreiche Teilnahme an Wettbewerben). Eine wichtige Rolle spielen außerdem technologische

Einflüsse, wie zum Beispiel Ausstattung des Sportvereins mit Geräten und Hilfsmitteln, Infrastruktur und Trainingsmöglichkeiten. Wie Unternehmen auch agieren, Sportorganisationen nicht in einem Vakuum, sondern sind Teil einer Gesellschaft, das heißt, sie unterliegen politischen Regelungen (kommunale, Landes- oder Bundesebene), gesetzlichen Bestimmungen (Vereinsrecht, Sportförderungsgesetz, Sportstättenordnung) und auch soziokulturellen Einflüssen (Vereinskultur, Kultur der Mitglieder, gesellschaftliche Erfordernisse). Hinzu kommen noch die Einhaltung ethischer Maßstäbe wie zum Beispiel die Wertevermittlung, Fairness und der sportliche Verhaltenskodex sowie ökologische Gesichtspunkte. Neben diesen Aspekten kommt besonders bei Sportorganisationen die Verbandsarbeit auf regionaler, Landes- und Bundes- bis hin zur internationalen Ebene dazu. So gehört beispielsweise ein Fußballclub in Deutschland einem der fünf deutschen Landesverbände an. Die Landesverbände sind wiederum Mitglieder des Deutschen Fußball-Bundes (DFB). Der DFB selbst ist wiederum Mitglied im Europäischen Fußballverband (UEFA), der wiederum Mitglied beim Weltfußballverband FIFA ist.

Erfolgreiche Sportorganisationen haben darum ein großes Interesse daran, auf Landes- und Bundesebene erfolgreich zu sein. Denn dies ermöglicht den Vereinen die Teilnahme an internationalen Wettkämpfen. Auf diesen Ebenen erwirtschaften die Vereine Einnahmen aus Eintrittsgeldern, Übertragungs- und Vermarktungsrechten (vgl. Kitchin 2012, S. 236).

Sportkonsumenten – Sportfans

Neben den Sportorganisationen sind besonders die Sportkonsumenten bzw. Kunden der Sportevents wichtige Erfolgsfaktoren bei der Entwicklung internationaler Sportevents. Oftmals werden in diesem Zusammenhang nur die Personen als Sportkonsumenten/Sportfan betrachtet, die eine Sportveranstaltung auch besuchen. Doch diese Sichtweise ist zu eingeschränkt, vielmehr sind heute Sportkonsumenten solche Personen, die in irgendeiner Art und Weise an einem Sportevent direkt oder indirekt teilnehmen. Neben dem Wachstum im Bereich des Sporttourismus, das heißt Besuch von besonderen Sportveranstaltungen im internationalen Umfeld, sind daher auch mediale Zuschauerzahlen für den Erfolg von internationalen Sportevents von besonderer Bedeutung.

Nicht-Sportorganisationen

Seit den 1980er Jahren haben auch Nicht-Sportorganisationen die kommerzielle und globale Entwicklung von internationalen Sportevents mitgetragen und beeinflusst (vgl. Kitchin 2012, S. 236). Die nachfolgende Abbildung zeigt eine Einteilung der Nicht-Sportorganisationen.

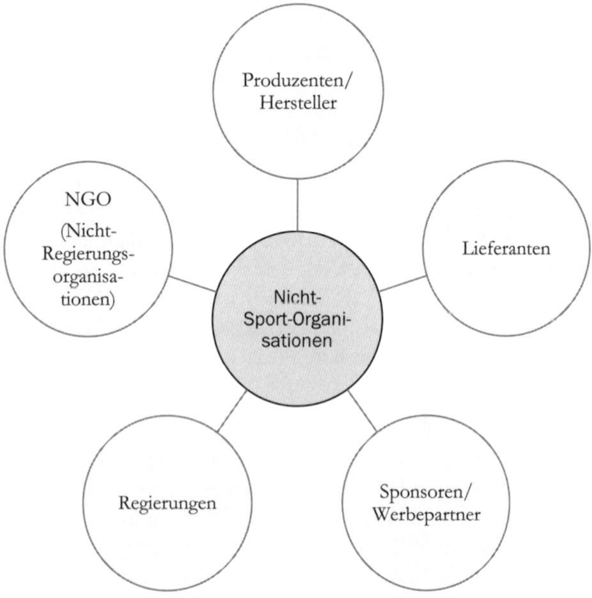

Abb. 14: Einteilung von Nicht-Sportorganisationen

Zu den Produzenten zählen zum Beispiel die Sportartikelhersteller, die den Sportmarkt durch ihre Produkte und Leistungen prägen und beeinflussen (zum Beispiel Adidas, Nike, Puma, Asics, Red Bull etc.). Diese global agierenden Unternehmen bestimmen nicht nur internationale Sportveranstaltungen, sondern veranstalten auch eigene internationale Sportevents (zum Beispiel Red Bull Air Race, NTC Tours, Nike Women's Race Series). Daneben treten viele dieser Hersteller auch gleichzeitig als Lieferanten bei Sportveranstaltungen auf.

Außerdem sind es aber auch Regierungs- und Nichtregierungsorganisationen (zum Beispiel Verbände), die internationale Sportveranstaltungen für die Erreichung von direkten oder indirekten Zielen nutzen und verwenden. So können zum Beispiel durch die Ausrichtung solcher Events zum einen Ansehen und Prestige innerhalb der Bevölkerung erzeugt werden, um diese direkt für den Sport zu begeistern, zum anderen erhoffen sich die Länder und Austragungsorte, dass mithilfe solcher Events Infrastrukturprojekte angestoßen und mitfinanziert werden. Erfahrungen aus der Vergangenheit haben aber auch immer wieder gezeigt, dass die Ausrichtung solcher Events hohe finanzielle Risiken trägt und dass die Investments oftmals keinen nachhaltigen Return erwirtschaften.

✱ Zusammenfassung

Seit Jahrtausenden spielen Sportevents in der Geschichte der Menschheit eine wichtige Rolle im gesellschaftlichen Leben. Verfolgten diese Wettkämpfe zunächst das Ziel, sich auf den Kampf oder die Jagd vorzubereiten, so entwickelte sich der sportliche Wettkampf im Laufe der Zeit immer mehr auch zum Event mit gesellschaftlichem Hintergrund. So waren es erstmals 776 v. Chr. die Olympischen Spiele der Antike, die als große Sportevents in der griechischen Kultur, zu Ehren des Gottes Zeus, über 1.000 Jahre lang zelebriert wurden. Über die Jahrhunderte entwickelte sich eine Vielzahl von Sportevents, von den Turnieren und Schützenfesten des Mittelalters bis hin zu den nationalen und internationalen Sportveranstaltungen im 19. Jahrhundert. Mit dem Wiederaufleben der Olympischen Spiele 1896 entwickelten sich darüber hinaus immer mehr internationale Sportevents. Besonders durch die mediale Verbreitung via Radio und TV im 20. Jahrhundert wurden Sportevents immer populärer.

Zu den Hauptakteuren bei der Entwicklung von internationalen Sportevents zählen die Sportorganisationen mit ihren Clubs und Sportlern sowie die Besucher solcher Sportevents (Sportkonsumenten) und die Nicht-Sportorganisationen.

5 Kultur- und Festivalevents

Nachdem wir uns im vorherigen Kapitel mit Sportevents im internationalen Kontext beschäftigt haben, wollen wir uns im folgenden Teil mit Kulturevents und Festivals beschäftigen. Ob Kunstausstellungen, Theateraufführungen oder Musikfestivals, ob klassisch oder Pop, ob Open Air oder in einem Konzertsaal, ob vor mehreren Tausend Besuchern oder in einem Kreis von wenigen Gästen, ob als Hobby oder hauptberuflich, die meisten von uns dürften wohl schon einmal mit Kulturevents in Kontakt gekommen sein.

✱ Lernziele

Nach der Lektüre dieses Kapitels werden Sie wissen,

- was man unter dem Begriff Kulturevents versteht.
- was die Begriffe Kultur und Kulturmanagement bedeuten.
- welche Merkmale den Kulturmarkt und das Kulturmarketing auszeichnen.
- welche Rolle Festivals und Events im städtischen Umfeld spielen.
- welche Rolle internationale Events im Kulturmanagement spielen.
- wie Festivals und Kulturevents international vermarktet werden können.

Feste und Feiern sind seit Beginn der Menschheitsgeschichte ein Element der Kultur einer Gesellschaft. Kulturevents und Festivals, aber auch Events mit spirituellem und religiösem Hintergrund sind daher wichtige Elemente innerhalb der gesellschaftlichen Entwicklung. Kulturelle Events spielen aber auch in unserer heutigen Gesellschaft weiterhin eine wichtige Rolle und sind als charakteristische Form unserer Fest- und Freizeitkultur allgegenwärtig (vgl. Kröniger 2007, S. 9). Die Fortsetzung dieser Feste und Feiern und die Events in diesem Zusammenhang nehmen im Rahmen einer Festivalisierung und Eventisierung weiter zu.

5.1 Events im Kultursektor

Kulturevents

Vorweg gesagt, es existiert keine einheitliche Definition dessen, was man unter dem Begriff Kulturevents versteht. Steinecke definiert den Begriff Kulturevents über verschiedene Eventarten, die als Ergänzung im Kulturbereich in den verschiedenen Kultureinrichtungen (Burgen, Theater, Museen) bzw. Städten/Regionen stattfinden (vgl. Steinecke 2007, S. 56). Hierzu zählen Musikevents wie Konzerte, Festspiele, Literatur- und Theaterevents, aber auch Kunst- und Brauchtumsevents. Grundsätzlich lässt sich dabei festhalten, dass Kulturevents gemein ist, dass sie einen künstlerischen und kulturellen Bezug hinsichtlich des Eventinhalts haben (vgl. Richards/Palmer 2010, S. 41).

Bevor wir im Einzelnen aber näher auf diese Kulturevents eingehen, wollen wir zunächst einmal feststellen, worum es sich bei den Begriffen Kunst und Kultur handelt.

Kunst- und Kulturmanagement

Im Duden findet man zum Begriff Kunst folgende Definition, wonach Kunst

[1] „schöpferisches Gestalten aus den verschiedensten Materialien oder mit den Mitteln der Sprache, der Töne in Auseinandersetzung mit Natur und Welt;

[2] einzelnes Werk, Gesamtheit der Werke eines Künstlers, einer Epoche o. Ä.; künstlerisches Schaffen;

[3] das Können, besonderes Geschick, [erworbene] Fertigkeit auf einem bestimmten Gebiet" bezeichnet (Bibliographisches Institut GmbH 2014b).

Während mit dem Begriff Kultur die

[1] „Gesamtheit der geistigen, künstlerischen, gestaltenden Leistungen einer Gemeinschaft als Ausdruck menschlicher Höherentwicklung;

[2] Gesamtheit der von einer bestimmten Gemeinschaft auf einem bestimmten Gebiet während einer bestimmten Epoche geschaffenen, charakteristischen geistigen, künstlerischen, gestaltenden Leistungen" bezeichnet wird (Bibliographisches Institut GmbH 2014a).

Der Kulturwissenschaftler Werner Heinrichs fasst den Kultur- und Kunstbegriff enger und verwendet ihn so, dass er „alle menschlichen Produkte umfasst, die keinen praktischen Zwecken dienen und bei denen die geistige, künstlerische oder kreative Leistung von dominierender Bedeutung ist. Kultur als Kunst kann sowohl den Prozess der Produktion (die Tätigkeit des Künstlers), das Produkt selbst (das Kunstwerk) als auch die Aufbewahrung des Produkts im kulturellen Museum [...] beinhalten" (vgl. Heinrichs 1999, S. 27).

In einer anderen Definition geht Heinrichs von vier verschiedenen Verständnisperspektiven der Kultur aus:

[1] Kultur als menschliches Vermögen und dessen Dokumentation,

[2] Kultur als Verhalten,

[3] Kultur als Kunst,

[4] Kultur als Bildung.

Dabei schreibt Heinrichs zum Punkt „Kultur als Kunst": „Für den Kulturbetrieb ist dies zweifellos der wichtigste und umfassendste Bereich. Hierzu sind – inhaltsbezogen – alle künstlerischen Sparten zu rechnen [...] wie auch – prozessbezogen – die Produktion (Künstler, Theater, Orchester, Film usw.), Vermittlung (Kunstmarkt, Verlagswesen, Buchhandel usw.) und Dokumentation von Kunst (zum Beispiel Kunstmuseen)" (vgl. Heinrichs 1997, S. 4).

Verbindet man den Kulturbegriff mit dem Managementbegriff, dann umfasst Kulturmanagement die Planung, Realisierung, Steuerung und Kontrolle von Kulturressourcen und -aktivitäten, die zur Erreichung von festgelegten Zielen notwendig sind.

Den wirtschaftlichen Rahmen bilden dabei die Kulturbetriebe, die in diesem Markt tätig sind. Eine Definition zur Kulturwirtschaft findet sich dazu im „Monitoring zu ausgewählten wirtschaftlichen Eckdaten der Kultur- und Kreativwirtschaft" (Bertschek et al. 2014) des Bundesministerium für Wirtschaft und Energie: „Unter Kultur- und Kreativwirtschaft werden diejenigen Kultur- und Kreativunternehmen erfasst, welche überwiegend erwerbswirtschaftlich orientiert sind und sich mit der Schaffung, Produktion, Verteilung und/oder medialen Verbreitung von kulturellen/kreativen Gütern und Dienstleistungen befassen. Das wesentliche Kriterium der Definition ist der erwerbswirtschaftliche Charakter der Unternehmen. Zu diesem Kreis der Unternehmen gehören demnach alle marktwirtschaftlichen Unternehmen, die mehrwertsteuerpflichtig sind oder die einfach mit Kunst, Kultur und Kreativität Geld verdienen wollen. Nicht zu diesem Kreis zählen all jene Unternehmen, Einrichtungen oder sonstigen vereinsartigen Formen, die sich weitgehend nicht durch den Markt finanzieren, sondern durch öffentliche Finanzierung getragen, durch Gebührenfinanzierung unterhalten oder durch gemeinnützige Gelder bzw. private Geldgeber gefördert werden. Eine solche Unterscheidung zwischen erwerbswirtschaftlichen oder marktwirtschaftlichen Unternehmen einerseits und nicht-marktwirtschaftlichen Unternehmen andererseits ist aus ordnungs- und steuerungspolitischen Gründen für die Lage in Deutschland von besonderer Bedeutung" (vgl. Bertschek et al. 2014, S. 2).

Für die Kulturwirtschaft in Deutschland hat sich in den letzten zehn Jahren daraus ein Kernbereich von neun Sektoren entwickelt. Diese Bereiche finden sich in allen deutschen Studien zur Kulturwirtschaft, aber auch in Studien in Frankreich und der Europäischen Kommission wieder. Die nachfolgende Tabelle zeigt die neun Sektoren der Kulturwirtschaft.

1. Musikwirtschaft	2. Buchmarkt	3. Kunstmarkt
Musikproduktion Varieté Theater Opernhäuser	Buchverlage Zeitungsverlage Musikverlage	öffentliche und private Galerien Museen und Ausstellungshäuser
4. Pressemarkt	**5. Filmwirtschaft**	**6. Runddfunkwirtschaft**
Journalisten Zeitungen Presseagenturen	Filmproduktion TV- und Videoproduktion Filmvertrieb Kinos	Radiostationen
7. Markt für darstellende Künste	**8. Architekturmarkt**	**9. Designwirtschaft**
Auktionshäuser Handelsfirmen für Literatur, Musik und Film Museumsshops Künstler	Innenarchitekten Architektur und Planungsbüros Garten- und Landschaftsarchitekten	Industriedesign Produktdesign Mode- und Textildesign

Tab. 8: Die neun Sektoren der Kulturwirtschaft

Die neun Sektoren der Kulturwirtschaft

Erweitert man diese Sektoren um die beiden Bereiche Werbewirtschaft und die Software-/Games-Industrie, so erhält man den Bereich der sogenannten Kreativwirtschaft (11 Sektoren).

Der Anteil der Kreativ- und Kulturwirtschaft am Bruttoinlandsprodukt in Deutschland betrug im Jahr 2013 2,32 Prozent (65,3 Milliarden Euro). Schätzungsweise waren rund 249.000 Unternehmen in diesem Bereich tätig, die zusammen ein Umsatzvolumen von 145 Milliarden Euro erwirtschafteten (vgl. Bertschek et al. 2014, S. 3).

Eine ähnliche Einteilung erfolgt im sogenannten „ISIC – International Standard Industrial Classification of All Economic Activities" der Vereinten Nationen (United Nations Statistics Division (o. J.)). Mit dem Begriff *Arts, entertainment and recreation* (Kunst, Unterhaltung und Erholung) verbindet man die sogenannte *Entertainment Industry* (Unterhaltungsindustrie).

Anhand der volkswirtschaftlichen Bedeutung sehen wir, dass Kulturbetriebe und Kulturorganisationen einen wichtigen Stellenwert in der Gesellschaft haben und damit die Summe aller Kulturangebote und -leistungen ebenfalls ein wirtschaftspolitisches Gewicht hat. Seit den 1980er Jahren veröffentlichen neben der Bundesregierung auch die einzelnen Bundesländer jährliche Kulturwirtschaftsberichte.

Drei-Sektoren-Modell

Um Kulturbetriebe und -organisationen besser einteilen zu können, hat sich in den letzten Jahren in Europa das sogenannte schweizerische Drei-Sektoren-Modell oder auch SWISS-Sector-Model durchgesetzt (siehe Abbildung).

Zunächst spielen die Künstler und Kulturproduktion eine Schlüsselrolle. Ohne Künstler bzw. Kunstschaffende entstehen keine Kunst- und Kulturprodukte (vgl. Klein 2011, S. 13). Der Staat wiederum als öffentlicher Sektor fördert Kunst und Kultur und garantiert eine Art staatliche Grundversorgung in diesem Bereich. Der öffentliche Kulturbetrieb wird beispielsweise durch die öffentlichen Theater, Museen, aber auch TV-Anstalten und Hörfunkstationen sichergestellt. Gemeinnützige Organisationen und Vereine bieten im sogenannten intermediären Sektor darüber hinaus zusätzliche Kulturleistungen an.

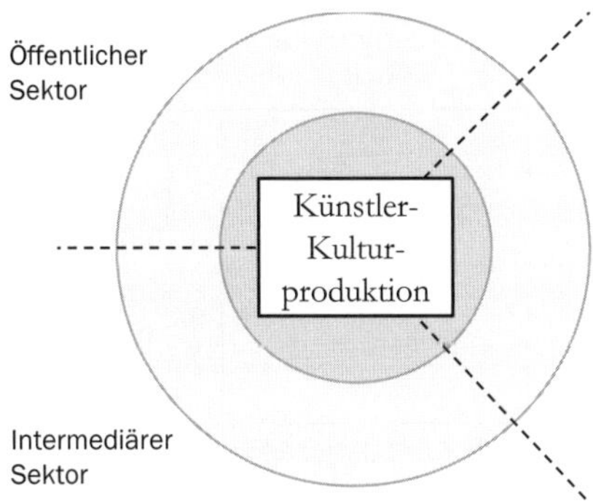

Abb. 15: SWISS Sector Model

Als dritter Sektor nimmt der private Sektor mit seinen Kulturbetrieben eine weitere wichtige Position in diesem Modell ein. Zum privaten Sektor zählen sowohl die bereits oben erwähnten Bereiche der Kultur- als auch der Kreativwirtschaft (vgl. Weckerle /Söndermann/Hofecker 2003, S. 4). Wichtig zu beachten ist dabei, dass die drei Sektoren in wechselseitigen und durchlässigen Beziehungen zueinander stehen. Ein Künstler und/oder eine Kulturproduktion kann sowohl in einem Bereich als auch in anderen Bereich wirken. Gerade in Zeiten knapper finanzieller Ressourcen im öffentlichen Sektor werden der private und intermediäre Sektor für die Aufrechterhaltung einer kulturellen Grundversorgung der Gesellschaft immer wichtiger. Kulturprogramme und kulturelle Events, wie Konzerte, Theateraufführungen von privaten Anbietern wie zum Beispiel unabhängigen Büros, Studios und Künstleragenturen werden somit zum wichtigen Faktor für die kulturelle Vielfalt und Attraktivität der Städte und Regionen.

Betrachtet man die unterschiedlichen Rollen der Künstler bzw. Kunstschaffenden, so lassen sich diese je nach Art und Weise ihrer Arbeit bzw. ihres Schaffens in verschiedene Kategorien einteilen.

1. Schöpfer	2. Ausführende Künstler	3. Designer
Komponisten Schriftsteller Lyriker Maler Bildhauer Choreographen	Schauspieler Tänzer Musiker Sänger	Kostümdesigner Bühnenbildner Lichtdesigner Buchgestalter
4. Produktion	**5. Künstlerische Leiter**	**6. Sonstige**
Regisseure Produzenten Verwaltungsleiter	Intendanten Museumsleiter Direktoren	Kameraleute Werkstatt- und Bühnentechniker Bühnenmeister Kostümschneider Beleuchtungs-techniker Schriftsetzer Buchbinder

Tab. 9: Künstler innerhalb des Kulturbetriebs

Neben der Attraktivitätssteigerung einer Region oder Stadt sind Festivals und Kulturevents auch ein wichtiger und integraler Bestandteil in der Freizeitindustrie. So lässt sich erkennen, dass kulturelle Events und Festivals Vorteile sowohl für den Tourismus einer Destination als auch für das Kulturpublikum selbst haben. Daneben stehen viele der kulturellen Veranstaltungen heutzutage auch verstärkt im Wettbewerb in Bezug auf wirtschaftliche, soziale und kulturelle Auswirkungen zu anderen Großveranstaltungen.

Tourismusevents und urbane Events

Die meisten Städte haben die wirtschaftlichen Potenziale ihrer Kulturevents und Festivals erkannt und unterstützen die Ausrichtung der Events hinsichtlich einer strategischen und nachhaltigen Positionierung. In ähnlichem Zusammenhang spricht man beispielsweise auch im Bereich der Tourismuswirtschaft unter anderem von sogenannten Tourismusevents. Darunter versteht man speziell arrangierte Veranstaltungen für Einheimische und Ortsfremde, um die Attraktivität des Produktes Destination zu steigern (vgl. Freyer 2007, S. 605; Drengner 2008, S. 23).

Die Verantwortlichen in den Tourismusstellen und Stadtdezernaten haben erkannt, dass mithilfe von Events sowohl die Bekanntheit und das Image von Destinationen bzw. Städten gesteigert als auch im Rahmen eines professionellen Veranstaltungsmarketings die wirtschaftliche Entwicklung gefördert und die Gunst von Einwohnern sowie Touristen erlangt werden kann (vgl. Allen 2008, S. 5). Man spricht in diesem Zusammenhang auch von sogenannten *urbanen Events*. Darunter können zunächst allgemein alle Events verstanden werden, die in einem städtischen Ambiente bzw. Raum stattfinden (vgl. Betz/ Hitzler/Pfadenhauer 2011, S. 13). Neben den Festivals zählen hierzu auch die kulturellen Events wie Stadt- und Volksfeste, die Umsätze in Milliardenhöhe und zusätzliches Einkommen und Steuereinnahmen für die austragenden Städte und Regionen generieren. Daneben profitieren Handel und Gewerbe durch sogenannte sekundäre Einkommenseffekte ebenfalls von solchen Veranstaltungen. Dies geschieht zugleich in einem sehr dynamischen Umfeld, das durch den sich verschärfenden Wettbewerb der Destinationen untereinander geprägt ist. Speziell in den Städten wird dabei ein Trend zur Eventisierung von Städten im Rahmen des Stadtmarketings deutlich sichtbar (vgl. Zanger/ Kaminski 2011, S. 123). Immer häufiger werden in den Städten Pläne für solche urbanen Events entwickelt, wobei die Ausrichtung dieser Veranstaltungen ausdrücklich durch deren Funktion als Stadtentwicklungsinstrument gerechtfertigt wird (vgl. Häußermann/Siebel 1993, S. 7).

Um aber eine Beliebigkeit und Austauschbarkeit zu verhindern, müssen Städte darauf achten, dass sie und ihre Events bei den potenziellen Kunden noch *wahrgenommen* werden. Frei nach dem Motto: Stell dir vor, es gibt einen Event und keiner geht hin. „Was oder wer nicht vorkommt, existiert nicht" (Prisching 2011, S. 86), das heißt, die Veranstaltungsziele solcher Events müssen sich konsequent an den Bedürfnissen der Teilnehmer solcher Veranstaltungen orientieren und durch den Einsatz der Instrumente des Marketingmix vermarktet werden (vgl. Zanger 2001, S. 835), um den Wahrnehmungserfolg zu gewährleisten. Um sich jedoch sichtbar aus der Masse der uniformierten städtischen Events und somit aus der Austauschbarkeit hervorzuheben (vgl. Zanger/Kaminski 2011, S. 123), müssen sich solche urbanen Events bei den Zielgruppen sichtbar, bekannt und von anderen städtischen Events differenzierbar machen. Dass dabei Marken ein geeignetes Mittel zur Identifizierung und Differenzierung sein können, um ein Produkt bzw. eine Dienstleistung gegenüber dem Wettbewerb erfolgreich zu positionieren, gilt heute als unbestritten (vgl. Burmann/Meffert/Koers 2005, S. 4ff).

5.2 Erfolgsmerkmale von Festivals und Kulturevents

Wie bei allen Arten von Events spielt die Erreichung der zuvor festgelegten Ziele auch bei Kulturevents eine entscheidende Rolle. Daneben ist es aber auch von Bedeutung, dass solche Events der Stadt/Region nützen und zur Verbesserung der Lebensqualität der Bewohner beitragen. Daneben kennzeichnen weitere Faktoren den Erfolg von Kulturevents und Festivals:

[1] **Inhalt/Kontext:** Die Stadt/Region sollte stets ein Kulturevent-Programm entwickeln, das für die Stadt/Region zeitgemäß und angemessen ist. Hierzu sollten Inhalte hinsichtlich der eigenen historischen, kulturellen, sozialen und wirt-

schaftlichen Entwicklung berücksichtigt und miteinander abgestimmt sowie in einen Gesamtzusammenhang gesetzt werden.

[2] **Klare Ziele:** Eindeutige, klare und definierte Ziele müssen im Vorfeld eines Kulturevents bzw. -programms entwickelt und erstellt werden.

[3] **Lokale Erweiterung:** Das Engagement und die Mitverantwortung der Bewohner der Stadt/Region muss in angemessener und wirksamer Weise berücksichtigt werden.

[4] **Partnerschaft:** Die Entwicklung von Partnerschaften mit unterschiedlichen Akteuren bzw. Stakeholdern sollte im Vorfeld analysiert und geplant werden. Das betrifft vor allem die verschiedenen eventbezogenen Kultureinrichtungen, aber auch lokale unabhängige Organisationen sowie die Wirtschafts- und Tourismusverbände, Sicherheitsdienste und Sozialdienste der Stadt/Region.

[5] **Langfristige Planung:** Kulturevents sollten sowohl hinsichtlich der zeitlichen Gesamtorganisation als auch der Veranstaltungsprogramme mittel- bzw. langfristig geplant werden.

[6] **Programminhalt:** Wie der Event selbst, so muss auch das Programm von seinen Inhalten her einzigartig, aber auch zwischen den verschiedenen Kulturevents ausgeglichen sein.

[7] **Politische Unabhängigkeit und künstlerische Freiheit:** Die einzelnen Eventprogramme sollten nicht von politischen Interessen beeinflusst werden und auch die Eventorganisation sollte sowohl in der künstlerischen Planung als auch in der Programmgestaltung autonom handeln.

[8] **Kommunikation und Marketing:** Eine sowohl vorher klar definierte Marketing- als auch Kommunikationsstrategie sind für die erfolgreiche Durchführung von Festivals und Kulturevents unerlässlich. Daneben können Kulturevents die Entwicklung der Stadt als Marke fördern.

[9] **Kapazitäten und Ressourcen:** Ausreichende finanzielle und personelle Ressourcen sollten in der Vorbereitungsphase möglichst genau kalkuliert und budgetiert sein.

[10] **Management und Team:** Ein unabhängiger Projektleiter mit internationalen Visionen und Führungsqualitäten sollte frühzeitig eingestellt werden, um ein Team von engagierten Mitarbeitern professionell und erfolgreich zu leiten.

[11] **Politischer Wille:** Das Projekt muss die politische Unterstützung haben, um eine nachhaltige Wirkung zu gewährleisten.

Bevor neue Kulturevents in ein bestehendes Programm aufgenommen werden, sind diese vorher sowohl wirtschaftlich als auch gesellschaftlich zu bewerten. Bei der Entwicklung neuer Festivals- und Kultureventformate sind daher folgende Fragen genau zu beantworten:

- Was bedeutet jeder neue Event für das kulturelle Leben der jeweiligen Stadt/Region?
- Welche Werte (intrinsische, instrumentale und institutionelle) wird der Event für die Stadt und ihre Bürger generieren?
- Welche Grundsätze (Vielfalt, soziale Gemeinschaft, wirtschaftliche Effekte) werden durch den Event gefördert bzw. beworben?
- Welchen Beitrag kann der Event für die Kulturpolitik der Stadt/Region liefern?

Umgekehrt ist es aber auch entscheidend, flexibel und zeitnah auf sich ergebende Marktveränderungen zu reagieren, um den sich wandelnden Bedürfnissen der Zielgruppen (Eventbesucher) gerecht zu werden. Besucher von solchen Events können zunehmend aus einer Vielzahl von Kulturevents und verschiedenen Kulturprogrammen wählen und die Interessen ändern sich rasch aufgrund des demografischen Wandels, der veränderten technologischen Möglichkeiten und der globalen Veränderungen.

✱ Zusammenfassung

Anhand der volkswirtschaftlichen Bedeutung sehen wir, dass Kulturbetriebe und Kulturorganisationen einen wichtigen Stellenwert in der Gesellschaft haben und damit die Summe aller Kulturangebote und -leistungen ebenfalls ein wirtschaftspolitisches Gewicht haben. Dabei spielen die Künstler und Kulturproduzenten die zentrale Rolle im Kulturmanagement. Ohne Künstler entstehen keine Kunst- und Kulturprodukte. Neben dem öffentlichen Sektor fördern auch gemeinnützige Organisationen (sogenannter intermediärer Sektor) und der private Sektor Kunst und Kultur. Mithilfe des in Europa etablierten SWISS-Sektor-Modells (oder auch Drei-Sektoren-Modell) lassen sich diese Zusammenhänge verdeutlichen. Neben der Attraktivitätssteigerung einer Region oder Stadt sind Festivals und Kulturevents auch ein wichtiger und integraler Bestandteil der Freizeitindustrie. So lässt sich erkennen, dass kulturelle Events und Festivals Vorteile sowohl für den Tourismus einer Destination als auch für das Kulturpublikum selbst haben. Die meisten Städte haben die wirtschaftlichen Potenziale ihrer Kulturevents und Festivals erkannt und unterstützen die Ausrichtung der Events hinsichtlich einer strategischen und nachhaltigen Positionierung. Bei der Entwicklung neuer Festival- und Kultureventformate ist es von entscheidender Bedeutung, was jeder neue Event für das kulturelle Leben der jeweiligen Stadt/Region bedeutet, welche Werte (intrinsische, instrumentale und institutionelle) der Event für die Stadt und ihre Bürger generieren kann, welche Grundsätze (Vielfalt, soziale Gemeinschaft, wirtschaftliche Aspekte) durch den Event gefördert bzw. beworben werden können und welchen Beitrag der Event für die Kulturpolitik der Stadt bzw. Region liefern kann.

6 Organisationen und Institutionen

✱ Lernziele

Nach der Lektüre dieses Kapitels werden Sie wissen,

- wie die Eventbranche in Deutschland strukturiert ist.
- welche Hauptakteure in der Eventbranche tätig sind.
- welche Aufgaben und Bedeutung Eventagenturen übernehmen.
- welche Aufgaben und Bedeutung Verbände in der Eventindustrie haben.
- welche Bedeutung und Aufgaben die Zulieferer in der Eventbranche haben.

Vergleicht man die Eventbranche mit anderen Industrien, wie zum Beispiel der Automobil- oder der Bankenindustrie, so lässt sich feststellen, dass sich die Eventindustrie nicht eindeutig abgrenzen lässt. Es gibt verschiedene Unternehmen, Organisationen, Institutionen und Verbände, die in diesem Bereich tätig sind, aber nicht ausschließlich der Eventbranche zugeordnet werden.

Um hier einen Überblick zu erlangen, sollen im folgenden Abschnitt die einzelnen Eventakteure, wie zum Beispiel Unternehmen, Agenturen, Organisationen und Verbände, näher vorgestellt und analysiert werden. Dazu werden wir zuerst die Eventbranche in Deutschland näher analysieren und die Entwicklung des Eventmarkts erörtern.

6.1 Die Eventbranche in Deutschland

Mit der gesellschaftlichen Veränderung zu Beginn der 1990er Jahre hin zu einer erlebnisorientierten Gesellschaft nahm auch die Nachfrage nach Events als Instrument der Marketingkommunikation zu (vgl. Nickel 2007, S. 10). Mithilfe von Events wurde es möglich, Kommunikationsbotschaften erlebnis- und nutzenorientiert beim Kunden zu platzieren. Veranstaltungs- und Messeagenturen, aber auch Kongress- und Reiseveranstalter erkennen diesen Trend und firmieren zu sogenannten Eventagenturen (vgl. Nickel 2007, S. 11).

In den darauffolgenden Jahren nimmt die Anzahl der Eventagenturen und Unternehmen, die Events als Kommunikationsinstrument nutzen, stark zu. Zweistellige Wachstumsraten bis 2001 kennzeichnen zunächst den Eventmarkt, bevor es dann in den darauffolgenden Jahren zu einem Clearingprozess kommt und sich der Eventmarkt am Ende einer starken Wachstumsphase befindet. Ende der 1990er entstehen ein eigener Verband für die Eventbranche (heute im FAMAB e. V. integriert). Fachzeitschriften, Fachmessen und -kongresse folgen (vgl. Nickel 2007, S. 12). Betrachtet man den Eventmarkt in Deutschland anhand der Event-Studie 2012 des Forum Marketingeventagenturen im FAMAB-Verband, so liegt heute das Umsatzvolumen bei über 2,5 Milliarden Euro (vgl. FAMAB e. V. 2012, S. 4).

Eine weitere Studie des Europäischen Instituts für Tagungs-Wirtschaft (EITW) „Meeting & EventBarometer 2014“ macht zudem deutlich, dass der deutsche Veranstaltungsmarkt weiter auf Wachstumskurs ist. So nahmen 2013 ca. 371 Millionen Teilnehmer an 3,01 Millionen Veranstaltungen, wie Tagungen, Kongressen und Events, teil (vgl. EITW 20.05.2014, S. 1). Dabei standen den Organisatoren 7.034 Tagungs- und Veranstaltungsstätten im Jahr 2013 zur Verfügung.

6.2 Eventakteure im Eventmarkt

Betrachtet man den oben genannten Eventmarkt, so lassen sich die jeweils beteiligten Akteure in unterschiedliche Gruppen einteilen:

Eventanbieter	Eventzulieferer und -dienstleister	Event-nachfrager	Institutionen
Unternehmen	Agenturen	Unternehmen	Verbände
Institutionen	Produktions-firmen	unterneh-mensexterne Zielgruppe	Organisationen
Non-Profit-Organisationen	Veranstaltungs-technik	Privat-personen	Fachmedien
öffentlicher Sektor	Bühne, Deko, Requisite	Medien	Hochschulen
Privatpersonen	Eventmodule		IHKs
	Transport und Logistik		…
	Catering		
	Künstler		
	Sicherheits-dienste		
	Personaldienst-leister		
	Eventlocations		
	Webportale		
	…		

Tab. 10: Eventakteure/-gruppen

Eventanbieter

Wie in anderen Branchen auch, lassen sich die Akteure im Eventmarkt zunächst in Nachfrager, Anbieter und Zulieferer unterteilen.

Eventanbieter sind in diesem Fall die Veranstalter, die Events anbieten, oder, genauer gesagt, Events eigenständig oder mit den dazugehörigen Dienstleistungen inszenieren, organisieren und durchführen.

Neben eventveranstaltenden Unternehmen und Non-Profit-Organisationen organisiert auch der öffentliche Sektor Marketingevents. Daneben gibt es aber auch Privatpersonen, die als *unternehmerische Veranstalter* Events organisieren und durchführen. Dabei hoffen sie, ausreichend Teilnehmer für ihren Event zu generieren, um am Ende profitabel zu sein.

Wie bereits erwähnt, nehmen oftmals die genannten Anbieter Dienste von verschiedenen Eventdienstleistern in Anspruch, die sie bei der Konzeption, Organisation und Durchführung ihrer Veranstaltungen unterstützen.

Eventzulieferer/Eventdienstleister

Eventdienstleister sind Anbieter von einzelnen Dienstleistungen im Eventmarkt. Von Serviceleistungen wie zum Beispiel die Entwicklung/Erstellung sogenannter Eventkonzepte durch Agenturen bis hin zu materiellen Leistungen wie die Bereitstellung von Veranstaltungsort, Bühnen-, Licht- und Tontechnik oder Catering und/oder immateriellen Dienstleistungen, wie sie von Künstlern, Hostessen, Sicherheitspersonal oder Eventmanagern erbracht werden. Da das Angebotsspektrum in diesem Bereich sehr umfassend ist, werden wir uns im folgenden Teil nur die Leistungen der Eventagenturen näher anschauen.

Eventagenturen sind Unternehmen oder Einzelpersonen, die sich als Partner von Eventanbietern für deren Eventmarketing spezialisiert haben. Mit dem Boom der Eventbranche hat sich auch die Entwicklung der Eventagenturen als eigenständige

Agenturbranche rasant entwickelt. Neben den großen Eventagenturen, mit zum Teil über 100 Mitarbeitern und Honorarumsätzen im zweistelligen Millionen-Euro-Bereich, betätigen sich viele kleine Eventagenturen (meist Einzelpersonen) in diesem Segment. In Deutschland gibt es weit über 400 Eventagenturen (vgl. Kiel und Bäuchl 2014, S. 130), wobei eine genaue Zahl sich nicht exakt ermitteln lässt. Ebensowenig gibt es die typische Eventagentur. Angesichts des breiten Aufgabenspektrums bezeichnet man Agenturen, die von der Konzeption bis hin zur Durchführung und Nachbereitung alle Dienstleistungen anbieten, als Full-Service-Agenturen. Daneben existiert eine große Anzahl an Eventagenturen, die nur ganz spezielle Eventserviceleistung (zum Beispiel Einladungs- und Teilnehmermanagement, Eventnachbereitung, PR) anbieten. Die Hauptaufgabengebiete einer Full-Service-Eventagentur liegen vor allem im Bereich der Konzeption, Planung, Organisation, des Projektmanagements, der Inszenierung und Durchführung sowie in der Eventevaluierung bzw. gesamten Nachbereitung des Events.

Im Folgenden sollen daher die wichtigsten Aufgaben einer Eventagentur in den einzelnen Projektphasen näher erläutert werden. Dabei handelt es sich nur um eine Auswahl und keine vollständige Auflistung möglicher Agenturaufgaben.

[1] **Konzeption:** In der Konzeptionsphase werden, nach Maßgabe des Kunden und auf Basis des Kundenbriefings, erste Ideen sowie deren Machbarkeit entwickelt und erste Budgets erstellt. Zur Konzeption zählen aber auch die Entwicklung eines Mottos bzw. Themas, eventuell mit Key Visual. Erste Location-Recherchen, ggf. mit Besichtigungen und Erarbeitung der Programmabläufe für die Gesamtveranstaltung, gehören ebenfalls in diese Phase.

[2] **Planung, Organisation und Projektmanagement:** In dieser Projektphase werden, auf Grundlage des verabschiedeten Grobkonzepts, erste Angebote von einzelnen Zulieferern eingeholt (Bühne, Licht, Ton, Künstler, Catering etc.),

sowie die Eventplanung detailliert in einzelne Projektschritte untergliedert. Die Abstimmung der Gesamtdramaturgie, die Optionierung und Planung aller notwendigen Gewerke sowie auch das dazugehörige Finanzmanagement (Budget- und Kostenplanung inklusive Überwachung), die Planung der Location (inklusive Bühnen- und Raumgestaltung) und der gesamten Medientechnik sind weitere wichtige Aufgaben von Agenturen in dieser Projektphase. Zudem übernehmen Agenturen in dieser Phase, neben den Aufgaben eines effektiven Projektmanagements, auch beratende Aufgaben gegenüber dem Kunden. Dazu zählen das Erstellen von Entscheidungsvorlagen und Unterlagen zur gemeinsamen Abstimmung des Feinkonzepts mit dem Kunden, aber auch Produktionsüberwachung und Regieplanerstellung.

[3] **Inszenierung und Durchführung:** In dieser Phase übernehmen die Mitarbeiter der Agentur Aufgaben vor Ort. Dazu zählen die Betreuung und Überwachung während des Aufbaus, gegebenenfalls Vorbereitungen, Einweisungen und die Durchführung von Generalproben sowie letzte Absprachen mit dem Kunden und den Zulieferern vor Ort. Ebenfalls übernimmt der Projektmanager der Agentur häufig auch die Gesamtregie (vor und hinter der Bühne, Timing bzgl. Umbau, Redner- und/oder Künstlerauftritten, Einspieler von Ton- und Bildmaterial usw.) während des gesamten Events.

[4] **Nachbereitung und Evaluierung:** Hierzu zählen Aufgaben während des Abbaus, wie die Überwachung des Abbaus, das Führen von Bestandslisten, Quittieren von geleisteten Services und des Übergabeprotokolls, sowie das eventuelle Erstellen von Mängel- und Schadenslisten. Nach Abschluss dieser Aufgaben gilt es die eingehenden Rechnungen der Drittdienstleister zu prüfen, abzuzeichnen und zur Zahlung freizugeben, sowie anschließend in die Schlussabrechnung an den Kunden aufzunehmen. Im Bereich der Eventevaluierung können Befragungen per Fragebogen, Gruppengesprächen oder Einzelinterviews erstellt und aus-

gewertet werden. Daneben ist es wichtig, die gesamte Projektdokumentation zu erstellen und in gemeinsamen Nachbesprechungen mit dem Kunden und den Dienstleistern die Ergebnisse der Evaluierung zu erörtern.

Neben Eventagenturen haben sich nach amerikanischem Vorbild in den letzten Jahren sogenannte Eventproduktionsfirmen (Event Production Companies) im Markt etabliert, die rein auf die Eventproduktion (Durchführung) spezialisiert sind.

Neben den Agenturen gibt es viele Eventzulieferer und -dienstleister, die für externe Vermietung der Veranstaltungsorte, Teilnehmermanagement, Bühnentechnik, Eventcatering, Logistikunternehmen, Personaldienstleistungen (wie zum Beispiel Redner-, Dolmetscher-, Hostessen- und Sicherheitsdienste) und viele andere Spezialdienstleistungen zuständig sind, ohne die Events nicht stattfinden könnten.

Diese Zulieferer in der Eventbranche haben sowohl in ihrer Anzahl aber auch in ihrer Vielfalt und Spezialisierung wie das Gesamtwachstum der Branche in den letzten 20 Jahren stark zugenommen und nur relativ wenige dieser Anbieter haben sich ausschließlich auf die Eventindustrie spezialisiert.

Eventnachfrager

Unter der Gruppe der Eventnachfrager verstehen wir die Zielgruppen, die durch den Event angesprochen werden und am Event selbst teilnehmen sollen. Dies können zum einen Personen von Unternehmen und Organisationen sein, die als ausgewählte Zielgruppe zum Event eingeladen werden und an diesem teilnehmen. Zum anderen können dies auch Privatpersonen sein, die als Nachfrager an einem Event teilnehmen. Bezüglich der Teilnahme besteht zum einen die Möglichkeit, die Eventnachfrager an der Teilnahme des Events zu verpflichten (zum Beispiel Weiterbildungsseminare, Konferenzen), oder aber, dass die Zielgruppe selbst über eine Teilnahme am Event entscheidet (Pressekonferenz, Incentive-Event, Volksfest, Konzert). Daneben zählen auch die Medien als Eventnachfrage, die durch ihre Medienvertreter über den Event vor, während oder aber auch nach der Durchführung berichten.

Neben den Eventanbietern, -zulieferern und Eventnachfragern sollen hier noch einige wichtige Eventinstitutionen erwähnt werden, die sich ebenfalls im Eventmarkt entwickelt und etabliert haben.

Institutionen

Dazu zählen zunächst die wichtigsten Verbände im Eventbereich. Zu nennen sind hier das GCB, der FAMAB e. V., der AUMA und EVVC.

- **German Convention Bureau e. V. (GCB):** Das GCB mit Sitz in Frankfurt am Main repräsentiert und vermarktet Deutschland sowohl national als auch international als Standort für Kongresse, Tagungen, Events sowie Incentives. Derzeit repräsentieren rund 200 Mitglieder des GCB über 400 Betriebe. Dabei zählen die Mitglieder zu den führenden Hotels, Kongresszentren, Locations, städtischen Marketingorganisationen, Veranstaltungsagenturen sowie Dienstleistern aus der deutschen Tagungs- und Kongressbranche. Weitere Informationen unter: *www.gcb.de*
- **Verband Direkte Wirtschaftskommunikation e. V. (FAMAB):** Der FAMAB Verband ist ein interdisziplinärer Zusammenschluss von Spezialisten aus den unterschiedlichen Bereichen der *Live-Kommunikation*, wie Messebau und Messekommunikation, Marketingevent und Kommunikationsunternehmen, Event Catering Firmen, sowie Agenturen im Bereich PR, Sponsoring, Promotion, Point of Sale, Online-Kommunikation, Dialogmarketing, aber auch der klassischen Werbung, darüber hinaus technische Dienstleister, Systemanbieter, Durchführungsgesellschaften, Location-Anbieter, Event-Catering-Firmen etc. Der FAMAB bietet dabei seinen Mitgliedern auf einer gemeinsamen Arbeitsplattform vernetzte Leistungsangebote und interdisziplinäre Kompetenz rund um

das Thema Live-Kommunikation. Weitere Informationen unter: 🖰 *www.famab.de*

- **Ausstellungs- und Messe-Ausschuss der Deutschen Wirtschaft e. V. (AUMA):** Als Verband der deutschen Messewirtschaft mit Sitz in Berlin vertritt er die Interessen der Messewirtschaft auf nationaler und internationaler Ebene gegenüber Parlament, Ministerien, Behörden und anderen Organisationen. Weitere Informationen unter: 🖰 *www.auma.de*
- **Europäische Verband der Veranstaltungs-Centren e. V. (EVVC):** Der EVVC mit Sitz in Frankfurt am Main ist der Dachverband der Veranstaltungsstätten (Stadt-, Sport-, Mehrzweckhallen und Kongresshäuser) mit Mitgliedern in Deutschland und aus dem angrenzenden europäischen Ausland. Der EVVC repräsentiert rund 750 Veranstaltungszentren, Kongresshäuser, Arenen und Special-Event-Locations in Europa. Nach eigenen Angaben ergänzen Veranstaltungsplaner und Zulieferbetriebe das Spektrum und machen den EVVC so zum vielseitigsten Netzwerk der Branche. Weitere Informationen unter 🖰 *www.evvc.org*.

> ✱ Tipp!
>
> Eine detaillierte Auflistung weiterer Verbände finden Sie hier:🖰 *www.eventmanager.de/verbaende_deutschland.asp*

Auf internationaler Ebene agieren ebenfalls viele weitere Verbände im internationalen Kontext der Eventbranche. Hier seien auch im Folgenden nur einige Verbände kurz vorgestellt.

- **Meeting Professionals International (MPI):** Die Meeting Professionals International (MPI) mit Hauptsitz in Dallas (Texas), USA gilt als weltweit größter Verband der Meeting- & Eventindustrie. MPI unterstützt die mehr als 22.000 Mitglieder darin, beruflich und persönlich voranzukommen. Organisiert in 70 Chaptern profitieren die Mitglieder „von der

Vermittlung von innovativem Wissen und Erfahrungen, der Vernetzung von Menschen und Ideen sowie dem Zugang zu vielfältigsten Marktangeboten. Und das auf regionaler, nationaler und internationaler Ebene“ (MPI Meeting Professionals International). Weitere Informationen unter *www.mpi.org* oder *www.mpi-germany.de.*

- **L’Union des Foires Internationales), The Global Association of Exhibition Industry (UFI):** Die UFI ist der internationale Verband der Messeveranstalter, Messegelände und Messeeigentümer mit Sitz in Levallois-Perret, Frankreich. Die UFI besteht aus den nationalen und internationalen Verbänden der Messeindustrie und seinen Partnern. Die UFI hat mehr als 600 Mitglieder aus 85 Ländern. Weitere Informationen unter *www.ufi.org.*

- **International Special Event Society (ISES):** Ziel des Verbandes mit Hauptsitz in Chicago (USA) ist es, den intensiven Dialog und Erfahrungsaustausch seiner Mitglieder in der Eventbranche zu fördern sowie seinen Mitgliedern Aus- und Weiterbildungsmaßnahmen zu ermöglichen. Ziel ist es dabei, die Qualität des Eventmarketings immer weiter zu optimieren. Nach eigenen Angaben sind zurzeit über 7.000 Mitglieder in 46 Chaptern weltweit bei ISES und nutzen das Netzwerk aktiv. Alle ISES-Mitglieder sind Eventspezialisten aus den unterschiedlichen Segmenten der Eventindustrie. Weitere Informationen unter *www.ises.com* und unter *http://www.ises-europe.com/deutsch.*

✱ Tipp!

Eine detaillierte Auflistung weiterer internationaler Verbände findet man darüber hinaus unter folgendem Internetlink: *www.eventmanager.de/verbaende_international.asp*

Zu den Institutionen zählen außerdem die **Fachmedien**. In Deutschland gibt es zurzeit ca. 20 Fachzeitschriften und Portale, die sich mit Themen aus dem Bereich der Eventwirtschaft beschäftigen. Die Auflagenstärke liegt bei den meisten Fachzeitschriften im Printbereich zwischen 10.000 und 20.000 Stück. Einige der Zeitschriften, wie zum Beispiel die Zeitschrift Eventpartner, sind dabei auch im Zeitschriftenhandel verfügbar.

Zeitschrift	Link
Blach Report	*www.blachreport.de*
Catering Management	*www.catering.de*
CIM Conference & Incentive Management	*www.cimunity.com*
Marketing – Event – Praxis	*www.mep-online.de*
Embok	*www.embok.org*
Eventmanager Blog	*www.eventmanagerblog.com*
Event-technik	*www.production-partner.de*
Event Partner	*www.eventpartner.de*
Event.	*www.eventmagazin.info*
Events	*www.events-magazine.com*
Eventmanager.de	*www.eventmanager.de*
Eveos	*www.eveos.de*
Horizont – Zeitung für Marketing, Werbung und Medien	*www.horizont.net*
m + a Report	*www.m-averlag.com*
Sponsors	*www.sponsors.de*
TW Tagungswirtschaft/ Convention Industry	*www.tw-media.com*

Werben und Verkaufen	*www.wuv.de*
Verband für Licht- und Tontechnik	*www.vplt.org*
XING Events	*www.de.amiando.com*

Tab. 11: Wichtige Informationsquellen

Mit zunehmendem Wachstum, der stetigen Weiterentwicklung der Eventbranche und der damit gestiegenen Spezialisierung, haben sich auch neue Aufgaben- und Anforderungsprofile an Eventmanager ergeben.

Sowohl die **Berufsausbildung** zum/zur Veranstaltungskaufmann/-frau über die Industrie- und Handelskammern, aber auch das **Studium** Eventmanagement an verschiedenen Hochschulen und Akademien tragen dieser Entwicklung Rechnung.

✱ Tipp!

Weitere Informationen finden Sie online zu Aus- und Weiterbildungseinrichtungen unter *www.eventmanager.de* sowie zum Studium unter *www.hochschulkompass.de* und unter *www.eventmanagement-studieren.de.*

✱ Zusammenfassung

Mit dem gesellschaftlichen Wandel hin zur Erlebnisgesellschaft seit Beginn der 1990er haben auch Events zunehmend an Bedeutung gewonnen. Dabei hat sich die Eventbranche in den ersten Jahren rasant entwickelt und ist durch ein starkes Wachstum geprägt. Die verschiedenen Akteure in diesen Brachen lassen sich in die Eventanbieter, Eventzulieferer, Eventnachfrager und Institutionen unterteilen. Bei den Zulieferern haben die Eventagenturen eine große Bedeutung. Dabei nehmen sie während der einzelnen Eventphasen unterschiedliche Aufgaben war, sei es nun in der Erstellung von Konzepten bis hin zur kompletten Eventplanung und -organsisation sowie in der Nachbereitung und Eventevaluierung. Dabei sind die Eventanbieter und -agenturen auf eine Vielzahl von Drittpartnern angewiesen, ohne die eine Inszenierung und Eventrealisierung gar nicht möglich wäre. Daneben haben sich in der Eventbranche auch verschiedene Verbände und Organisationen gebildet, die Lobbyarbeit und Unterstützung für ihre Mitglieder in den unterschiedlichen Bereichen betreiben. Neben Verbänden haben sich auch Fachzeitschriften im Markt etabliert, die in regelmäßigen Abständen über die Eventbranche berichten. Mit zunehmender Spezialisierung hat sich auch das Berufsbild des Eventmanagers neu gebildet und verändert. So gibt es seit Jahren die Möglichkeit, eine Berufsausbildung oder ein Studium im Bereich Eventmanagement zu absolvieren.

7 Eventplanung

Nachdem wir im vorherigen Kapitel gelernt haben, welche Akteure es im Eventmarkt gibt, wollen wir uns im folgenden Teil näher mit dem Management und der Planung von Marketingevents beschäftigen.

> **✱ Lernziele**
>
> Nach der Lektüre dieses Kapitels werden Sie wissen,
>
> - mit welchen Tools man kreative Ideen entwickeln kann.
> - wie man aus einem Briefing und Ideen ein Konzept erstellt.
> - wie Events als Projekt geplant werden.

Da ist zunächst der Eventanbieter, der in einem Briefing den Eventmanager (intern oder extern) über die wichtigsten Eckpunkte des geplanten Events informiert. Anschließend werden auf Basis des Briefings erste Ideen entwickelt und in einem Konzept dem Eventanbieter präsentiert. Nach eventuellen Änderungen wird dann eine gemeinsame finale Konzeption verabschiedet, die dann auch die Grundlage für das gesamte Projektmanagement und die darin enthaltenen einzelnen Arbeitspakete und -schritte bildet.

Wie diese Schritte im Detail aussehen, soll daher in den folgenden Abschnitten näher erklärt und analysiert werden.

7.1 Eventdesign und -konzeption

Briefing

Am Anfang einer jeden Konzeptentwicklung steht das Briefing. Das Briefing bildet die Ausgangsposition und beinhaltet, neben grundsätzlichen Informationen, die Aufgabenstellung. Ist das Briefing nur oberflächlich und vage formuliert, so wird es schwer, daraus ein gutes Konzept zu entwickeln. Daher sollte ein gutes Briefing möglichst die folgenden Fragen beantworten können (vgl. Schäfer-Mehdi 2012, S. 42):

Frage	Bedeutung
WER?	*Frage nach der Eventzielgruppe/Eventnachfrager*
WAS?	*Anlass für den Event*
WO?	*Ort/Region für den Event*
WANN?	*Zeitpunkt des Events*
WIE LANGE?	*Dauer des Events*
WIE VIEL?	*Budget des Events*
WAS NOCH?	*zusätzliche Leistungen, die erbracht werden sollen*

Tab. 12: Das Briefing im Überblick

Neben diesen grundsätzlichen Fragen sollte das Briefing dann die konkrete Aufgabenstellung enthalten. Daneben ist es oftmals für die Erstellung eines erfolgreichen Konzepts wichtig zu wissen, welche Ziele mit dem Event erreicht werden sollen und ob es Probleme bzw. Unterstützung gibt.

Hat man all diese Informationen, bedeutet das, dass man aus dem Briefing, mithilfe von Kreativität und Planung, ein Konzept erstellt, das die zu Papier gebrachten Ideen in die *dritte*

Erlebnisdimension umsetzt. Es geht also darum, wie man die richtigen Ideen findet und wie man diese richtig umsetzt.

Und nun kommt der Moment der Wahrheit: Es gibt leider kein Geheimrezept, mit dessen Hilfe man plötzlich vor kreativen Ideen nur so sprudelt und diese eins, zwei drei, ... auch noch in ein schlüssiges Konzept umsetzt! Manchmal gelingt es in kurzer Zeit und manchmal ist es ein zäher Prozess, bis man überhaupt eine erste brauchbare Idee zu Papier bringt. Kreativität entwickelt sich, neben einem hohen Maß an Allgemeinbildung und an Vorstellungskraft, auch aufgrund von Erfahrung. Und um Erfahrungen zu sammeln, benötigt man im Allgemeinen auch etwas Zeit (vgl. Schäfer-Mehdi 2012, S. 38).

Aber es gibt Tools bzw. Kreativitätstechniken, die einem als Werkzeugkasten zur Verfügung stehen und die man erlernen kann, um dem ganzen Kreativitätsprozess ein wenig Antrieb zu geben.

Kreativitätstechniken

Es gibt viele Möglichkeiten, Ideen und Lösungen für eine Aufgabenstellung (Briefing) herauszufinden und zu generieren. Am Anfang stehen dabei die Ideen, also das, was möglich wäre. Um möglichst viele solcher Ideen zu bekommen, bedient man sich bestimmter Techniken, den sogenannten Kreativitätstechniken. Es gibt eine große Vielfalt an Literatur, die sich mit dem Thema Kreativitätstechniken ausführlich befasst (zum Beispiel Nöllke 2010; Boos 2007). Eine komplette Aufzählung und Erarbeitung dieses Themas würde den Umfang dieses Buchs sprengen. Daher sollen im Folgenden auch nur einige Techniken und deren Durchführung erklärt werden. Zunächst lassen sich die einzelnen Techniken nach verschiedenen Ansätzen unterscheiden (siehe Tabelle).

1. Assoziationstechniken	2. Bild- und Analogietechniken
Brainstorming Brainwriting Mindmapping Kombinationstechnik	Visulisierung Bisoziation Reizworttechnik
3. Intuition	4. Systematische Ideensuche
	Morphologische(r) Matrix/Kasten Osborn-Methode

Tab. 13: Auswahl verschiedener Kreativitätstechniken

Assoziationstechniken

Bei den Assoziationstechniken geht es darum, seinen Gedanken freien Lauf zu lassen und in alle Richtungen zu denken. Durch die Verknüpfung von Gedanken (Assoziation) und Vorstellungen zu neuen Kombinationen erhält man eine Vielzahl von Begriffen, die zu Lösungsmöglichkeiten ausgearbeitet werden können.

Methoden sind dabei Brainstorming, Brainwriting, Mindmapping und Kombinationstechnik.

- **Brainstorming:** Beim Brainstorming handelt es sich um eine von Alex Osborn in den 1950er Jahren entwickelte Methode zur Ideenfindung, die die Erzeugung von neuen, ungewöhnlichen Ideen in einer Gruppe von Menschen fördern soll. Ein zuvor bestimmter Moderator führt die Gruppe (5 bis maximal 15 Teilnehmer) in das Thema ein und beschreibt das Problem eindeutig (zum Beispiel „Wir suchen ein Motto für die Road Show XY"). Daneben teilt er im Vorfeld den Ablauf des Brainstormings mit (zum Beispiel moderiertes oder nichtmoderiertes Brainstorming), zusätzlich wird ein Protokollant ernannt, der alle Ideen protokolliert. Dabei gibt es folgende vier grundsätzliche Regeln zu beachten:

❶ Kombinieren und Aufgreifen von bereits geäußerten Ideen erwünscht ❷ Kommentare, Korrekturen, Kritik sind verboten (neutrale Gesprächsführung) ❸ Viele Ideen in kürzester Zeit (Zeitrahmen ca. 5 bis 30 Min.) ❹ Spontane Ideen, freies Assoziieren und Phantasieren sind erlaubt

Im Anschluss an die Ideenfindung gilt es, eine erste Ideenbewertung vorzunehmen. Dabei geht es um eine qualitative Auswahl und Einteilung der gefundenen Ideen in:

- → sofort verwertbar
- → überarbeitungswürdig
- → unbrauchbar

Ziel dieser qualitativen Auswahl ist es, zu einer Entscheidungsvorlage zu gelangen.

- **Brainwriting:** Beim Brainwriting handelt es sich um eine schriftliche Variante des Brainstormings. Statt persönlicher Moderation übernimmt ein Formular (Protokollbogen für jeden Teilnehmer) die Steuerung des Gedankenaustausches. Diese Methode wird oft auch als 6-3-5-Methode bezeichnet und entwickelt bei den Teilnehmern ein hohes Maß an Tempo (vgl. Nöllke 2010, S. 59). Brainwriting am Beispiel der 6-3-5-Methode:

❶ Zunächst erhält jeder Teilnehmer (hier 6 Teilnehmer) einen Protokollbogen (siehe Abbildung). ❷ Anschließend trägt jeder Teilnehmer 3 Lösungsvorschläge in die erste Reihe seines Blattes (1. Durchgang) ein. ❸ Dies sollte nicht länger als 5 Minuten dauern. ❹ Anschließend wird der Protokollbogen im Uhrzeigersinn an den nächsten Teilnehmer weitergereicht. ❺ So erhält jeder Teilnehmer die drei Vorschläge des Vorgängers (1. Durchgang), an die er anknüpfen kann oder neue Ideen daraus assoziiert. ❻ Diese werden dann in den nachfolgenden Durchgang eingetragen und anschließend der Bogen weitergegeben. ❼ Bei 6 Teilnehmern erhält man nach 6 Durchgängen seinen eigenen Bogen wieder und so ein Maximum von 108 Ideen insgesamt! ❽ Anschließend werden pro Blatt die drei besten Ideen reihum bewertet. ❾ Die Ideen mit den meisten Kreuzen (höchste Punktzahl) werden weiterverfolgt.

Problembeschreibung:	Name der Teilnehmer:		
	1. Idee	2. Idee	3. Idee
1. Durchgang			
2. Durchgang			
3. Durchgang			
4. Durchgang			
5. Durchgang			
6. Durchgang			

Tab. 14: Protokollbogen 6-3-5-Methode

✱ Tipp!

Die Zahl 6-3-5 bitte nicht zu dogmatisch befolgen! Die Methode sollte nur in kleinen Gruppen bis maximal 8 Teilnehmern eingesetzt werden. Hinzu kommt, dass diese Methode aufgrund der Geschwindigkeit die Teilnehmer gehörig unter Druck setzt und daher nur dosiert eingesetzt werden sollte (vgl. Nöllke 2010, S. 59).

- **Mindmapping:** Mindmapping ist eine kreative Methode, sich Notizen zu machen. Tony Buzan kann dabei wohl als Vater des Mindmapping bezeichnet werden (vgl. Rustler und Buzan 2012, S. 27). Mit Mindmapping lassen sich Eventkonzepte sehr gut planen und entwickeln (vgl. Schäfer-Mehdi 2012, S. 60).

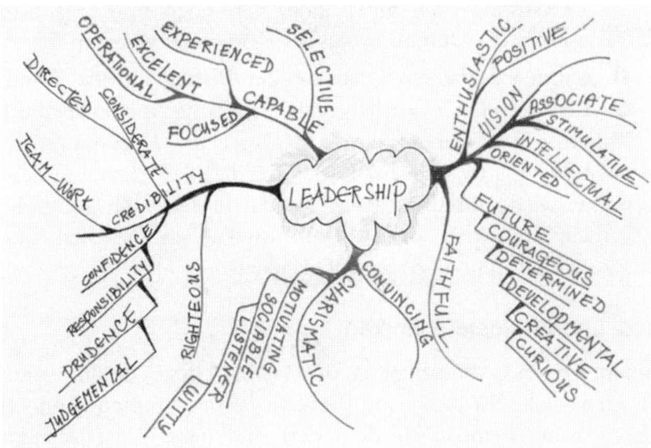

Abb. 16: Mindmapping am Beispiel Führung (engl.)
Quelle: © leuviah, iStockphoto.com

❶ Ein leeres Blatt Papier (DIN A4 und größer) wird im Querformat genutzt. ❷ In die Mitte des Blatts wird das zu behandelnde Hauptthema dargestellt. ❸ Nicht vergessen: Ein Bild sagt mehr als 1.000 Worte! ❹ Von dem zentralen Bild ausgehend wird für jeden Gedanken bzw. Unterpunkt eine Linie gezeichnet. Auf diese Linien werden die einzelnen Schüsselworte zu den Unterpunkten geschrieben. ❺ Von den eingezeichneten Linien können wiederum Linien ausgehen, auf denen die einzelnen Hauptgedanken weiter untergliedert werden. ❻ Unterschiedliche Farben erhöhen die Übersichtlichkeit. ❼ Gleichzeitig können beispielsweise auch zusammengehörende Gedanken und Ideen leicht durch Verwendung der gleichen Farbe verdeutlicht werden. ❽ Bilder, Pfeile und Symbole erleichtern die Erfassung des Inhalts und können helfen, einzelne Bereiche abzugrenzen oder hervorzuheben.

- **Kombinationstechnik:** Die genannten Methoden lassen sich in der Gruppe auch miteinander verbinden und ergänzen. Beispiel für die Durchführung der Kombinationstechnik:

  ❶ Anbringen mehrerer plakatgroßer Blätter an eine Wand. ❷ Alle Teilnehmer erstellen ohne Zeitplan eine oder mehrere Mindmaps auf den Plakaten. ❸ Durch das Herumwandern entsteht eine zusätzliche Dynamik, die Teilnehmer ändern immer wieder ihre Sichtweisen auf das Problem. ❹ Durch die gemeinsame Arbeit an den Problemstellungen entstehen neue Assoziationen und Lösungsmöglichkeiten.

Bild- und Analogietechniken

Analogien sind Ähnlichkeiten, d. h. selbst Dinge, die im ersten Moment vielleicht nicht zum Problem passen, können dennoch eine Lösung beinhalten. Methoden sind dabei Visualisierung und Bisoziation.

- **Visualisierung:** Bei der Visualisierung wird das gewünschte Ergebnis in Gedanken in ein positives Bild gebracht. Ganz konkret und mit möglichst vielen Details, so, wie das Ergebnis am Ende aussehen soll – Tagträumen ist dabei durchaus erlaubt und erwünscht. Typisch für diese Technik sind die sogenannten *Kopffilme* oder das *Kopfkino*, bei dem man seine ganze Vorstellungskraft einsetzt. Der Vorteil dabei ist, dass man die Kopffilme anhalten, von vorne laufen lassen und neu drehen kann. Es geht immer wieder darum, sich das, was man will, so bildhaft wie möglich und in Einzelheiten vorzustellen.
- **Bisoziation:** Der Begriff Bisoziation wurde in den 1970er Jahren vom Philosophen und Schriftsteller Arthur Koestler

analog zur Assoziation geschaffen und meint sozusagen *zweimal* assoziieren.

Durchführung: ❶ Zunächst wird aus mehreren Bildern oder Fotos ein Bild oder Foto ausgewählt. ❷ Durch die genaue Betrachtung des Bildes/Fotos sollen dann die Teilnehmer inspiriert werden und im ersten Schritt Gedanken und Ideen zum Bild sammeln. ❸ Die Auswahl des Fotos/Bildes sollte dabei möglichst wenig mit der Ausgangsfrage zu tun haben. ❹ Im zweiten Durchgang wird dann die Ausgangsfrage mit den so gewonnenen Assoziationen verknüpft und durch diese neuen Ansätze gelöst.

Intuition

Auch wenn es manche von uns abstreiten, wir alle handeln auch intuitiv – aus dem Bauch heraus. In kritischen Situationen reagieren wir, ohne vorher logisch gedacht zu haben; im Alltag folgen wir spontanen Entschlüssen. Oft ist es aber so, dass wir dieses Verhalten gar nicht wahrnehmen, denn intuitives Handeln wird oft als irrational und überflüssig abgetan.

Durchführung: ❶ Mit Intuition eine bestimmte Situationen vorstellen und visualisieren. Ein Event lässt sich so beispielsweise als mentaler Film entwickeln. ❷ Stimmt die Vorstellung mit der Realität überein – bzw. lässt sich die Vorstellung realisieren? ❸ Meditation kann dabei auch als geeignete Methode genutzt werden, um das Bewusstsein auszuschalten und die Intuition zu stärken.

Systematische Ideensuche

Bei der systematischen Ideensuche geht es mehr um Struktur und Systematisierung, das heißt, anhand verschiedener Checklisten wird das Problem unter verschiedenen Gesichtspunkten beleuchtet. Methoden sind dabei die Morphologische Matrix (bzw. der morphologischer Kasten) und die Osborn-Methode.

- **Morphologische Matrix oder morphologischer Kasten:** Das Problem oder die Fragestellung wird dabei in kleinere Einheiten unterteilt; für jedes Teilproblem wird eine Teillösung entwickelt. Anschließend werden alle Teillösungen zu einer Gesamtlösung kombiniert. Diese Methode ist besonders bei der Bewertung von bereits gefundenen Ideen und Einfällen hilfreich (zum Beispiel im Anschluss an eine Brainstorming-Session) (vgl. Schäfer-Mehdi 2012, S. 59–60).

  Durchführung: ❶ Zunächst wird das Problem oder die Aufgabe benannt und anschließend in Unterkategorien/*Teilprobleme* unterteilt. ❷ Im Anschluss daran erstellt man eine Tabelle und schreibt dabei die Eigenschaften oder Aufgaben der Unterkategorien in die linke Spalte einer Tabelle. ❸ Danach erstellt man auf der rechten Seite ein Raster, in das die entsprechenden Merkmale bzw. Ideen oder Lösungen zu den jeweiligen Aufgaben zugeordnet und eingetragen werden. ❹ Zum Schluss lassen sich alle möglichen bzw. die besten Kombinationen in einem Überblick erkennen und damit ein oder mehrere Lösungswege auswählen.

Thema/ Idee:	Reise	Theater	Krimi	Zukunft
Claim/ Motto	auf geht's	ich packe meinen Koffer	see you!	simply the best
Ort	in den Bergen	Insel	Metropole	Kleinstadt
Location	Airport	Firmen-standort	Tagungs-zentrum	Schiff
Unterkunft	Hotel	Zelt	Kloster	Schiff
Catering	Gourmet-restaunrant	selbst kochen	BBQ	flying Buffet
Anreise	Flugzeug	Bahn	individuelle Anreise	VIP Shuttle

Tab. 15: Beispiel für Morphologische Matrix bzw. die Entwicklung einer Eventidee

- **Osborn-Methode:** Alexander Osborn war ein amerikanischer Werbefachmann, der in den 1950er Jahren schon das Brainstorming entwickelt hatte. Bei der nach ihm benannten Methode entwarf er einen Fragenkatalog, der sowohl im Berufs- als auch im Privatleben eingesetzt werden kann und neun Komplexe umfasst.

  Durchführung: Zunächst wird die Aufgabenstellung bzw. das Problem benannt. Danach wird versucht, die Thematik unter folgenden Gesichtspunkten zu analysieren: ❶ Wofür kann ich es noch verwenden? Kann ich es anders einsetzen? ❷ Weist das Problem auf andere Ideen hin? Ist es etwas anderem ähnlich? ❸ Was lässt sich ändern? Welche Eigenschaften lassen sich umgestalten? ❹ Lässt sich etwas vergrößern, hinzufügen, vervielfältigen? ❺ Lässt sich etwas verkleinern, wegnehmen, verkürzen? ❻ Was kann ersetzt werden? Welche Bedingungen können geändert werden? ❼ Kann die Reihenfolge oder Struktur geändert werden? ❽ Kann die Idee ins Gegenteil gekehrt werden? Kann der Ablauf umgekehrt werden? ❾ Können Ideen kombiniert oder Personen verbunden werden?

  Nachdem mithilfe verschiedener Kreativitätstechniken erste Ideen gefunden, analysiert, bewertet und finalisiert wurden, gilt es, diese im nächsten Schritt in ein schlüssiges, begeisterndes und präsentationsreifes Konzept umzusetzen.

Das Eventkonzept

Ein Konzept entwickelt sich zunächst aus einer ersten, zumeist vagen Idee. Wird diese erste Idee dann weiterentwickelt oder aber auch teilweise wieder verworfen oder ergänzt – so entsteht eine Ideenskizze, die durchaus noch einige *blinde Flecken* (Unbekannte) enthalten kann. Füllen sich diese unbekannten Faktoren nach und nach, so entsteht eine ausführliche Ideenskizze. Wird diese ausführliche Ideenskizze dann noch in entsprechende Form gebracht, so spricht man von einem Konzept.

Das Eventkonzept ist demnach die geistige Ausgangsbasis für die Realisierung des späteren Marketingevents. Das Konzept gilt als Entscheidungsgrundlage, ob und wie der Event später durchgeführt wird. Im Konzept wird die Dramaturgie und Inszenierung des Events genau beschrieben und es beinhaltet alle späteren Aufgaben und Jobs, die für die Umsetzung des Events notwendig sind. Allerdings muss man anmerken, dass Eventkonzepte selten so realisiert werden, wie sie ursprünglich erdacht wurden.

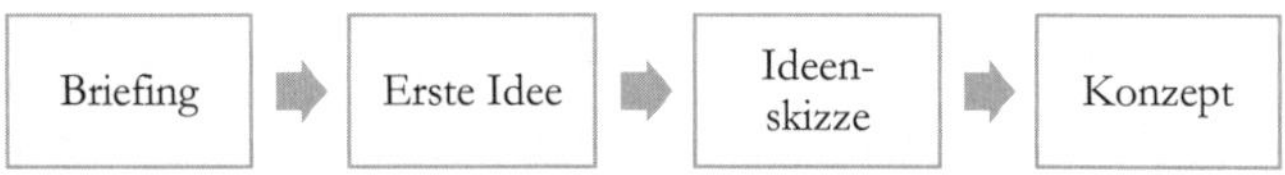

Abb. 17: Vom Briefing zum Konzept

Bei dem inhaltlichen und äußeren Aufbau eines Konzepts gilt es jedoch, die verschiedenen Teile zu beachten und einzubeziehen. Schäfer-Mehdi spricht in diesem Zusammenhang davon, dass ein Konzept aus einem inneren Teil und einer äußeren Form besteht (vgl. Schäfer-Mehdi 2012, S. 42–52).

Zum inneren Teil des Konzepts gehören Antworten auf die Fragen:

- Wer ist die Zielgruppe?
- Was ist der Anlass?
- Wann findet der Event statt – Zeitpunkt und Dauer?
- Wo findet er statt – Destination und Location?
- Warum findet der Event statt – Ziele?
- Wie soll er stattfinden – was ist die Idee?
- Wieviel wird bzw. darf der Event kosten – Budget?
- Was sonst noch – Kommunikation im Vor- und Umfeld?

Zum äußeren Teil zählt Schäfer-Mehdi die Konzeptgliederung bzw. den Konzeptaufbau (vgl. Schäfer-Mehdi 2012, S. 49):

- Ausgangslage
- Zielgruppe
- Aufgabe/Ziele
- Idee/Motto
- Strategie
- Umsetzung
- Ablauf
- Budget
- Copyright

7.2 Eventprojektmanagement

Jeder Event ist ein Projekt, aber nicht jedes Projekt ist ein Event! Events erfüllen dabei die unterschiedlichen Kriterien eines Projekts. Folgende Kriterien identifizieren im Allgemeinen ein Vorhaben als Projekt:

- eindeutige Zielvorgabe
- zeitliche, personelle und finanzielle Begrenzung (Projektdreieck)
- Einmaligkeit der Aufgabe
- hohe Komplexität
- projektspezifische Organisation

Modernes Projektmanagement beschreibt dabei einen ganzheitlichen Ansatz zur Durchführung bzw. Realisierung von zielgerichteten Aktivitäten und stellt die eigentliche Grundlage des Eventmanagement dar (vgl. Holzbaur 2010, S. 154f).

Wesentliche Unterschiede zwischen Eventmanagement und Projektmanagement sind dabei:

- Events sind ein Teil der Marketingstrategie des Unternehmens bzw. der Organisation.

- Events sollten immer auf den Kunden fokussiert bzw. orientiert sein.
- Das Ergebnis des Projekts ist der Event selbst und dieser kann weder verschoben noch nachträglich nachgebessert werden („vorbei ist vorbei").
- Das Ergebnis des Events ist einmalig und der Erfolg des Events ist von der subjektiven Wahrnehmung der Teilnehmer abhängig.
- Die Planung der Veranstaltung ist umfangreicher, sowohl in Hinblick auf die zeitliche Koordinierung und des Aufwands (mit dem Start des Events ist das meiste bereits gelaufen) als der Event selbst.
- Eine gute Vorbereitung, Zeit- und Detailplanung des Events sind extrem wichtig – auch bezüglich des Risikomanagements.
- Ein Controlling bzw. Eingreifen während der Veranstaltung selbst ist nur beschränkt möglich – und wenn, muss jede Reaktion schon im Vorfeld eingeplant sein.

Events als erfolgreiches Projekt zu managen heißt, viele einmalige Aufgaben und Aktivitäten vorzubereiten, zu planen, abzuschätzen und zu organisieren. Dabei ist es wichtig, diese Aufgaben im Team zielgerichtet durchzuführen, die Aufgabenerfüllung zu überwachen und zu steuern, um eine optimale Zielerreichung sicherzustellen und das Projekt erfolgreich abzuschließen und zur Zufriedenheit aller zu beendigen. Während der gesamten Projektlaufzeit muss dabei das *magische Projektdreieck* (siehe Abbildung) mit den sogenannten Haupteckpunkten berücksichtigt werden:

- Ziel – Ergebnis, Event
- Zeit – Zeiten, Termine
- Ressourcen – Aufwand, Kosten

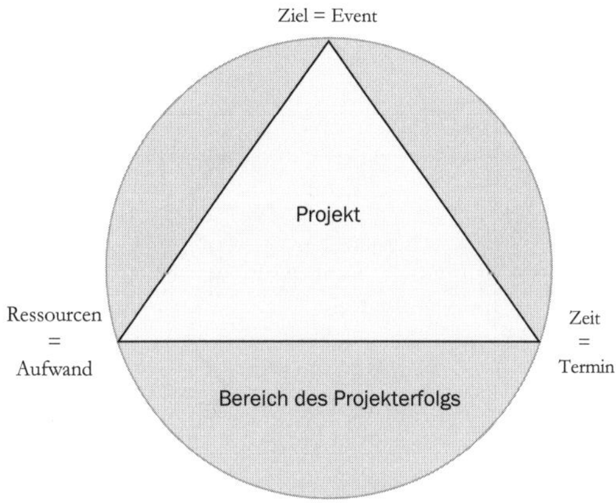

Abb. 18: Das magische Projektdreieck
Quelle: in Anlehnung an Buttrick (vgl. Buttrick 2009, S. 20)

Mithilfe des Projektdreiecks lassen sich die Interdependenzen der Projektfaktoren Ziel, Zeit und Ressourcen sehr gut verdeutlichen. So wird beispielsweise das Ziel, in diesem Fall der Event, vorgegeben. Das heißt, dass dieses Ziel mit geplanten Ressourcen zu einem festgelegten Zeitpunkt erreicht werden soll (vgl. Holzbaur 2010, S. 157). Wird jetzt wiederum einer der Projektfaktoren geändert, so ändern sich automatisch auch die beiden anderen Faktoren. Die nachfolgende Tabelle zeigt die Abhängigkeiten der drei Projektfaktoren.

Ziel/Ressourcen	▶	hohe Ziele – hohe Ressourcen wenig Ressourcen – wenige Ziele
Zeit/Ziel	▶	hohe Ziele – großer Zeitaufwand wenig Zeit - wenige Ziele
Zeit/Ressourcen	▶	wenig Zeit – mehr Ressourcen wenige Ressourcen – mehr Zeit *„Time is money“ B. Franklin*

Tab. 16: Abhängigkeiten der Projektfaktoren

Bezüglich der einzelnen Projektphasen lassen sich Events meist in die nachfolgenden Phasen einteilen:

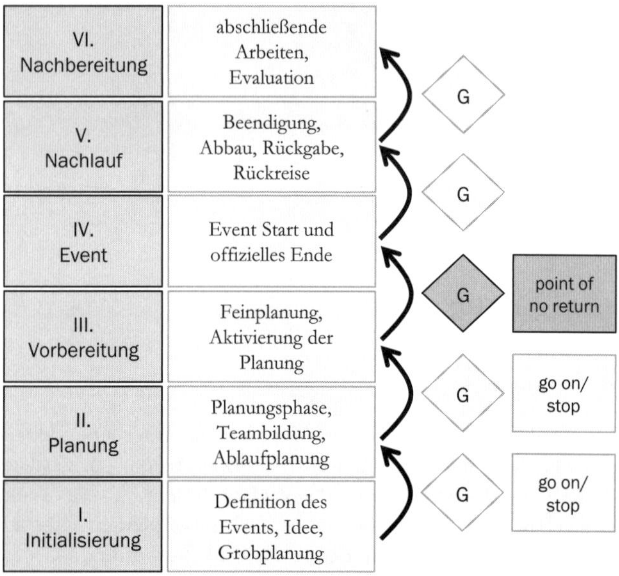

Abb. 19: Eventphasen: Aktivitäten im Eventmanagement
Quelle: in Anlehnung an Bowdin (vgl. Bowdin et al. 2010, S. 269f)

In der Phase I (Initialisierung) entstehen die Idee und Eventdefinition und es kommt zu einer ersten Grobplanung. Zwischen den einzelnen Projektphasen kommt es immer wieder zu sogenannten Entscheidungspunkten oder Übergängen (Gates = G), bei denen darüber entschieden wird, ob die Projektphase vollständig abgeschlossen wurde und ob der Event weiterverfolgt wird. In den anschließenden Projektphasen wird ein Projektplan mit den einzelnen Aktivitäten und Abläufen detailliert entwickelt und bearbeitet. Mithilfe eines Projektplans lassen sich die einzelnen Schritte erfolgreich organisieren und kontrollieren. Dabei wird zunächst der Projektrahmen definiert und die einzelnen personellen Verantwortlichkeiten zu jeder Aufgabe und Aktivität festgelegt. Schließlich hilft der Projektplan, den Projektfortschritt zu überwachen, das heißt, Soll-/Ist-Vergleiche bezüglich des Projektplans und des realen Projektfortschritts werden analysiert und gegebenenfalls korrigiert.

Kurz vor dem eigentlichen Event gelangt man dann häufig auch an einen sogenannten **Point of no return**, das heißt, ab hier kann der Event (Phase IV) nicht mehr ohne größeren Schaden abgesagt und/oder beendet werden. Nach dem Event geht es dann in den Phasen V und VI um den Nachlauf des Events und die Nachbereitung, inklusive Evaluierung.

Weitere genauere Beschreibungen zu den einzelnen Projektschritten und des Projektmanagements werden im Kapitel „Projektmanagement“ behandelt und werden damit hier nicht näher erläutert.

✱ Zusammenfassung

Ausgangspunkt eines jeden Eventkonzepts bzw. Events ist das sogenannte Briefing. Im Briefing werden die wichtigsten Informationen und Aufgabenstellungen für die Erstellung eines Eventkonzepts zusammengefasst. Um ein gelungenes Eventkonzept zu entwickeln Bedarf es neben Kreativität und Wissen auch an Erfahrung. Um kreative Ideen für ein Konzept zu entwickeln, kann man sich verschiedener Kreativitätstechniken und -methoden bedienen. Je nach Aufgabenstellung lassen sich die unterschiedlichen Methoden auf unterschiedliche Art und Weise anwenden und kombinieren. Nachdem Ideen gesammelt und ausgewertet wurden, müssen diese in einem schlüssigen Konzept umgesetzt werden. Dabei bedient man sich eines inneren Konzeptrahmens und einer äußeren Konzeptform. Von der ersten Idee bis hin zur Eventnachbereitung folgt die Umsetzung des Konzepts dabei den Abläufen eines modernen Projektmanagements und der Entwicklung eines Projektplans. Die einzelnen Phasen innerhalb des Projektplans werden bezüglich ihrer Aktivitäten, Verantwortlichkeiten und Abläufe genau geplant und überwacht, um letztlich das Konzept erfolgreich im Event zu realisieren. Dabei werden in der Praxis die präsentierten Eventkonzepte selten genauso übernommen und realisiert, sondern zu meist modifiziert verwirklicht.

8 Finanzmanagement von Events

„We haven't the money, so we've got to think."

Lord Ernest Rutherford, 1871–1937,
neuseeländischer Physiker

Jeder Event, ob klein oder groß, muss nicht nur im Hinblick auf Kreativität, Konzeption und Projektdurchführung professionell gemanagt werden. Auch die Finanz- und Budgetplanung muss solide und genau geplant, geführt und überprüft werden, damit die Umsetzung nicht in einem finanziellen Desaster endet.

✱ Lernziele

Nach der Lektüre dieses Kapitels werden Sie wissen,

- welche einzelnen Terminologien für das Finanz- und Rechnungswesen im Eventmanagement verwendet werden.
- welche einzelnen Kosten- und Erlösfaktoren bei Events eine Rolle spielen.
- warum eine Finanzplanung und Budgetierung für Events von entscheidender Bedeutung ist.
- wie ein Budget für Events geplant und aufgestellt wird.
- wie das Monitoring des Budgets vor, während und nach dem Event erfolgreich durchgeführt wird.

8.1 Begrifflichkeiten aus dem Finanz- und Kostenmanagement

Ohne eine solide Kostenplanung bzw. Budgetierung kann aus den besten Ideen und spannendsten Themen kein erfolgreicher Event werden. Dabei wird in der Realität immer noch zuweilen übersehen, dass das Finanzmanagement von Events nicht nur eine einmalige Kostenaufstellung, sondern ein *dynamischer* Prozess ist, der von der Planungsphase bis hin zur Nachbereitung aktiv geführt werden muss. Bevor wir die wichtigsten Faktoren bei der Erstellung eines Eventbudgets erläutern, werden wir zunächst die wichtigsten Begriffe aus dem Finanz- und Rechnungswesens erklären. Im Anschluss daran werden wir die einzelnen Schritte zur Erstellung eines Eventbudgets kennenlernen und die wichtigsten Finanzpositionen bei Eventbudgets vorstellen. Nach der Erstellung eines Budgets werden wir abschließend noch die wichtigsten Arbeiten in der Nachbereitung und finanziellen Aufbereitung des abgelaufenen Events analysieren.

Es ist wichtig, dass Unternehmen in ausreichendem Maße mit finanziellen Mitteln ausgestattet sind. Dies gilt natürlich auch in besonderem Maße für Events. Das Management der Finanzen ist somit ein wichtiger und wesentlicher Aspekt des Eventprojektmanagements. Ohne ein gutes Finanzmanagement ist es unmöglich, eine zuverlässige Finanzplanung zu haben. Unter Finanzmanagement verstehen wir dabei die Beschaffung, Planung, Bereitstellung, Überwachung und Evaluierung der monetären Mittel, die notwendig sind, um Events erfolgreich durchzuführen (vgl. Bowdin et al. 2010, S. 295). Finanzielles Missmanagement bzw. Missachtungen auf finanzieller Seite können dabei sowohl zu unvorhersehbaren Risiken in Bezug auf operationale als auch zu rechtlichen Problemen führen.

Um eine zuverlässige Kalkulation und Budgetierung für den Event vornehmen zu können, müssen die einzelnen Kosten des Events detailliert geplant und systematisch erfasst werden. Mit Kalkulation bezeichnen wir dabei die möglichst genaue Schätzung der zu erwartenden **Eventkosten**. Dabei können wir die Kalkulation in drei Schritte unterteilen:

- **Vorkalkulation:** im Vorfeld der Eventplanung
- **Zwischenkalkulation:** Abgleich zwischen geplanten und tatsächlichen Kosten während der Planungs- und Durchführungsphase
- **Nachkalkulation:** nach Abschluss des Events – Vergleich Eventbudget und tatsächlich entstandene Eventkosten (vgl. Schäfer-Mehdi 2012, S. 67)

Um die einzelnen Kosten zu kalkulieren und zu budgetieren, bedarf es einer ausführlichen und möglichst vollständigen Kostenrechnung. Unter Kostenrechnung verstehen wir dabei die Ermittlung und Zuteilung der einzelnen Kosten. Diese erfolgt immer anhand der drei aufeinander aufbauenden Stufen, der

- **Kostenarten-**,
- **Kostenstellen-** und
- **Kostenträgerrechnung**

(vgl. Vahs und Schäfer-Kunz 2012, S. 654).

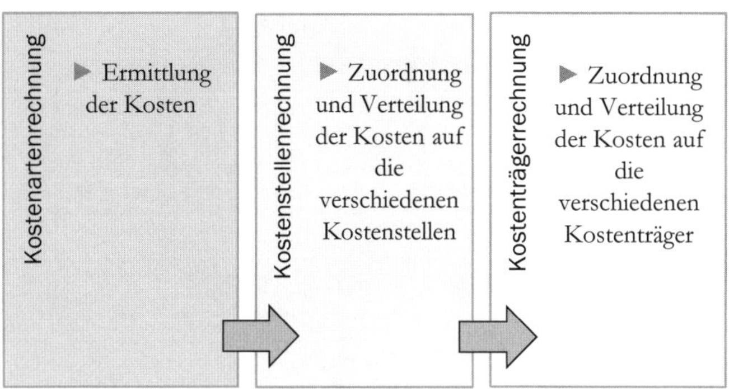

Abb. 20: Stufen der Kostenrechnung

Unter Kosten verstehen wir, vereinfacht gesagt, eine monetäre Einheit (zum Beispiel Währungseinheit wie Euro oder US-Dollar), die notwendig sind, um ein Produkt- oder Dienstleistung zu erwerben.

8.2 Budgetierung des Events

Wie wir bereits erfahren haben, gilt das Finanzmanagement mit als wichtigster Teil eines erfolgreichen Eventmanagements. Daher ist es verständlich, dass bereits innerhalb der Initialisierungsphase eine Planung der Finanzen stattfinden sollte. Denn die Frage nach der Machbarkeit und Durchführung des Events impliziert gleichzeitig die Frage „Ist der Event finanziell realisierbar?“. Um herauszufinden, ob ein Event auch finanziell umsetzbar ist, muss ein Budget für den Event erstellt werden. Unter einem Budget oder auch Finanzplan verstehen wir in diesem Zusammenhang die monetär quantifizierbare Aufstellung sämtlicher Ein- und Auszahlungen, die während des Eventzeitraums anfallen. Die Erstellung eines Eventbudgets kann mithilfe der folgenden fünf Schritte erfolgen:

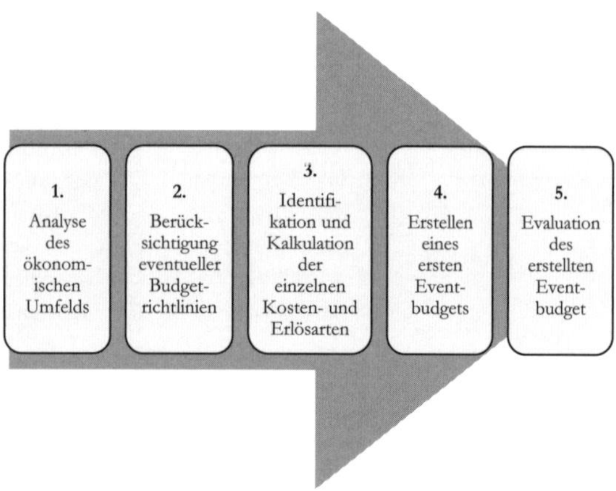

Abb. 21: Schritte zur Erstellung eines Eventbudgets
Quelle: in Anlehnung an Allen 2008, S. 205

Analyse des ökonomischen Umfelds

In diesem ersten Schritt geht es darum, das ökonomische Umfeld bzw. die ökonomischen Einflüsse auf den Event zu analysieren. Das klingt zunächst ein wenig befremdlich, aber es hat durchaus Auswirkungen auf die Finanzplanung des Events, ob ein Event beispielsweise in Lissabon, München oder London stattfindet. Neben steuerlichen Aspekten spielen oftmals auch die regional wirtschaftlichen Einflüsse eine wichtige Rolle bei der Budgetentwicklung. In besonderem Maße gilt das für Events, die in verschiedenen Ländern und/oder Kontinenten stattfinden. Zwar sind die Events von ihrer Konzeption her immer gleich, aber aufgrund der unterschiedlichen wirtschaftlichen Begebenheiten können sich die finanziellen Unterschiede erheblich auf die Finanzplanung auswirken. Gleiches gilt auch, wenn Events während einer wichtigen Messe in einer Stadt durchgeführt werden. Man kann davon ausgehen, dass die Hotelkosten im Messezeitraum durchaus höher sein werden als außerhalb der Messesaison.

> * Tipp!
>
> Berücksichtigung eventueller Budgetrichtlinien
>
> Es kann durchaus vorkommen, dass Unternehmen oder Organisationen, die einen Event veranstalten, Richtlinien bei der Budgeterstellung vorgeben. So kann es zum Beispiel sein, dass nur ein prozentueller Anteil oder Maximalbetrag für Catering, Entertainment oder die Konzeption kalkuliert werden darf.

Identifikation und Kalkulation der einzelnen Kosten- und Erlösarten

In diesem Schritt gilt es, zunächst alle zu erwartenden Kosten und Erlöse des Events zu ermitteln und zu kalkulieren. Ausgangsbasis für die Ermittlung dieser Kosten und Erlöse ist dabei das Eventkonzept. Mithilfe des Konzepts lassen sich die einzelnen Kosten- und Erlösarten ermitteln und mit den geplanten Mengen kalkulieren. Danach werden sie in der **Kostenartenrechnung** den einzelnen Gewerken gemäß ihrem *Charakter* in Einzel- bzw. Gemeinkosten sowie in fixe oder variable Kosten zugeteilt. Dabei ist eine Unterteilung der Kosten und Erlöse in die Bereiche Eventvorbereitung, -durchführung, -nachbereitung und sonstige Kosten sinnvoll, um die jeweiligen Kostenarten besser abgrenzen zu können.

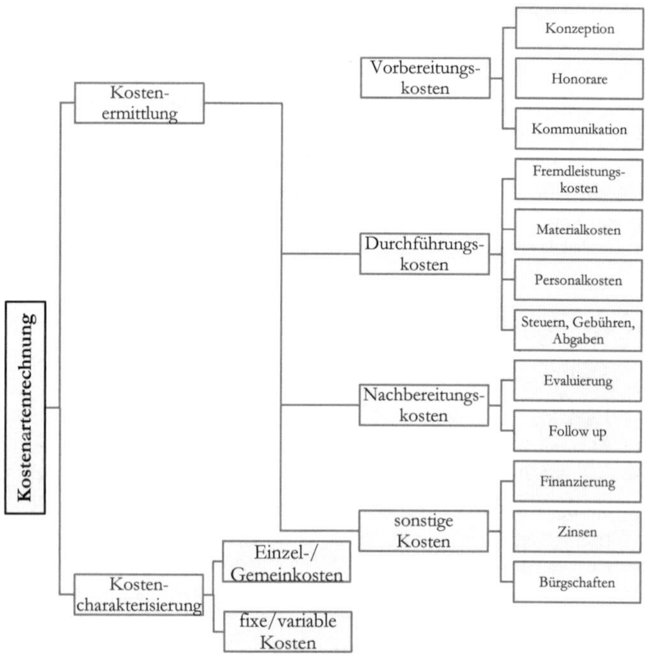

Abb. 22: Kostenartenrechnung bei Events
Quelle: in Anlehnung an Vahs und Schäfer-Kunz 2012, S. 655

Erstellen eines ersten Eventbudgets

Auf Basis der Kostenartenrechnung kann ein erster Kostenplan und Kontrollplan erstellt werden, der anschließend in Anlehnung an den Aufbau des Eventkonzepts in die Erstellung des Budgets mündet. Dabei ist es mit Computerprogrammen leicht möglich, Hauptkategorien in weitere Unterkategorien einzuteilen und somit sehr detailliert das Budget zu erstellen. So könnte beispielsweise die Kategorie „Fremdkosten" weiter in die Unterkategorien „Catering" → „Speisen & Getränke" → „Speisen" → „Vorspeisen" unterteilt werden. Bei der Erstellung des Budgets sollte auch immer eine Kategorie für „Unvorhergesehenes" budgetiert werden. Es kommt immer wieder bei der Durchführung des Events vor, dass plötzlich nicht im Budget geplante Aktionen realisiert werden müssen. So kann es beispielsweise vorkommen, dass kurzfristig „Blumengebinde" oder andere „Dankeschön-Geschenke" besorgt werden müssen, die so nicht geplant waren. Die Höhe für diese Kategorie kann zwischen 5 und 10 Prozent des Gesamtbudgets betragen.

Evaluierung des Eventbudgets

Nachdem das Budget erstellt wurde, sollte es anschließend einem internen Team zur Prüfung vorgelegt werden. Sind die einzelnen Positionen und Kalkulationen richtig und stimmig, wird das gesamte Eventbudget anschließend den Entscheidungsträgern (Eventanbieter, interne oder externe Kunden) präsentiert und gegebenenfalls geändert. Kommt es zu Änderungen, so können diese auf zwei Arten erfolgen. Entweder muss das Budget zur Realisierung des Events erhöht werden oder die geplanten Kostenfaktoren müssen gesenkt werden. Anschließend beginnt der Prozess der Budgetentwicklung, nach Budgetvorgabe, von neuem. Dies geschieht bis zu einem bestimmten Zeitpunkt, an dem das Budget finalisiert werden muss, da sonst die Durchführung des Events nicht mehr möglich wäre.

Sobald der Budgetplan finalisiert und verabschiedet wurde, ist es notwendig, dass während der Projektplanung und -organisation immer wieder Budgetkontrollen als festdefinierte Meilensteine zur Kontrolle in den Projektplan implementiert werden. Diese messen und vergleichen die aktuellen Kosten und Erlöse mit den geplanten Kosten und Erlösen. Zusätzlich werden die Entwicklungen der aktuellen Finanzplanung auf das Ende des Events prognostiziert. Leiten sich daraus größere Differenzen ab, müssen Anpassungen und Schritte unternommen werden, um das Projekt wieder in den vereinbarten Finanzplan zu bringen (vgl. Allen 2008, S. 208).

8.3 Finanzreport

Nach einem Event gilt es auch, den Event finanztechnisch abzuschließen. Dabei gibt es zwei wichtige Aufgaben, die der Eventmanager beachten muss. Zum einen müssen alle Kosten/Erlöse per Beleg erfasst und zugeordnet werden. Zum anderen müssen alle sich daraus ableitenden Rechnungen gestellt werden, bevor ein finanzieller Abschlussbericht zum Event erstellt wird. Buchhalterisch spielt es beim Abschlussbericht zunächst keine Rolle, ob die Rechnungen bereits beglichen wurden oder ob sie noch offen (unbezahlt) sind.

Im Abschlussbericht werden in einer Nachbereitung und Schlussbetrachtung die geplanten Kosten und Einnahmen den tatsächlichen Kosten und Einnahmen gegenübergestellt (finanzielle Evaluierung des Events). Mithilfe dieses Finanzreports können Abweichungen je Kosten- und Einnahmeart ermittelt werden und das Gesamtergebnis in einer Einnahmen-Ausgaben-Rechnung festgehalten werden. Es ist wichtig, dass alle tatsächlich entstandenen Kosten und Erlöse von Beginn an korrekt dokumentiert und zugeordnet werden. Die genaue Erfassung und eindeutige Zuordnung der Kosten/Erlöse hilft nicht nur dem Eventmanager am Projektende, sich an die einzelnen Kosten/Erlöse zu erinnern, sondern mithilfe einer genauen Dokumentation ist es auch möglich, eine gute Budgetplanung für zukünftige und ähnliche Events zu erstellen.

✱ Zusammenfassung

Das Finanzmanagement bei Events ist ein wichtiger Bestandteil des gesamten Eventmanagement. Bereits in den ersten Phasen der Evententwicklung muss geklärt und entschieden werden, ob finanzielle Mittel zur Verfügung stehen, um einen Event realisieren zu können. Bereits mit der Eventkonzeption ist unabdingbar ein erster Kostenplan zu erstellen. In der weiteren Detailplanung werden dementsprechend auch weitere finanzielle Details zum Event kalkuliert und budgetiert. Das Eventbudget hilft dabei, den am Eventprojekt beteiligten Personen einen genauen Überblick über die jeweiligen Kostenarten und -stellen zu geben. Die Entwicklung eines solchen Budgets geschieht in fünf Schritten. Zunächst muss das ökonomische Umfeld des Events definiert und analysiert werden, um anschließend eventuelle Budgetrichtlinien festzulegen. Danach werden anhand des Konzepts alle relevanten Kosten und Einnahmen ermittelt, um diese dann den einzelnen Kostenstellen des Events zuzuordnen. Anschließend wir das Gesamtbudget erstellt und präsentiert. Nachdem eventuelle Änderungen im Budget korrigiert wurden, kann das Budget finalisiert werden. Im weiteren Projektverlauf ist das Budget ein wichtiges finanzielles Kontrollmittel, da es dem Eventmanager anhand des Soll-/Ist-Vergleichs Auskunft darüber gibt, ob die einzelnen Positionen im Budgetrahmen liegen oder nicht.

9 Sponsoring und Sponsorship-Management

„Unternehmen investierten in diesem Jahr insgesamt 27 Millionen Euro, um bei deutschen Musikveranstaltungen ihre Markenbotschaften zu platzieren. Das sind 29 Prozent mehr als im vergangenen Musikjahr", so die Angaben einer aktuellen Studie des „Livemusik Sponsoring Report 2014" (Uhlmann 2013).

✱ Lernziele

Nach der Lektüre dieses Kapitels werden Sie wissen,

- was unter dem Begriff Sponsoring und Sponsorship-Management zu verstehen ist.
- wie sich Sponsoring im Laufe der Zeit entwickelt hat.
- welche Rolle heutzutage Sponsoren bei Events spielen.
- welche Formen des Sponsorings und die damit verbundenen Sponsoringrechte genutzt werden.
- welche einzelnen Schritte im Planungsprozess notwendig sind, um ein erfolgreiches Sponsoring zu entwickeln und zu implementieren.

9.1 Was Sie vorab wissen sollten

Weltweit lag im Jahr 2013 das Engagement im Sponsoring bei über 53 Milliarden US-Dollar (vgl. Statista GmbH, 2012). Dabei waren die Ausgaben in Nordamerika mit 19,8 Milliarden US-Dollar und in Europa mit 14,5 Milliarden US-Dollar am höchsten. Die meisten nationalen aber auch internationalen Sport- und Kulturevents wären ohne Sponsoren und Werbepartner heute gar nicht mehr realisierbar. Die Sponsoren haben ihrerseits aber auch erkannt, dass Events die Möglichkeit bieten, die marktrelevante und marketingstrategische Zielgruppe des Unternehmens direkt anzutreffen und mithilfe geeigneter Kommunikationsmaßnahmen anzusprechen. Für viele Unternehmen ist somit das Sponsoring von Events mittlerweile zum festen Bestandteil ihres Kommunikationsmix geworden.

9.2 Sponsoring

Bevor wir uns im Detail mit dem Thema Sponsoring und Sponsorship-Management auseinandersetzen, müssen wir zunächst einmal festlegen, was unter dem Begriff Sponsoring zu verstehen ist. Die bekannte Sponsorship-Beratungsgesellschaft IEG (International Event Group) versteht unter Sponsoring

> „[…] a cash and/or in-kind fee paid to a property (typically sports, entertainment, non-profit event or organization) in return for access to the exploitable commercial potential associated with that property" (Cornwell/Weeks/Roy 2005, S. 21). In der deutschen Fachliteratur findet man bei Manfred Bruhn unter Sponsoring „[…] die Analyse, Planung, Organisation, Durchführung und Kontrolle sämtlicher Aktivitäten, die mit der Bereitstellung von Geld, Sachmitteln, Dienstleistungen oder Know how durch Unternehmen und Institutionen zur Förderung von Personen und/oder Organisationen in den Bereichen Sport, Kultur, Soziales, Umwelt und/oder den Medien, unter vertraglicher Regelung der Leistung des Sponsors und Gegenleistung des Gesponserten verbunden sind, um damit gleichzeitig Ziele der Marketing- und Unternehmenskommunikation zu erreichen" (vgl. Bruhn 2010, S. 6). Im Gegensatz zum Mäzenatentum bzw. der Unternehmensförderung findet beim Sponsoring immer eine Leistung und Gegenleistung statt.

9.3 Sponsoring im Wandel der Zeit

Bereits in der Antike war Sponsoring während der Olympischen Spiele vorhanden. So unterstützten die reichen Bürger der jeweiligen Städte ihre Athleten, indem sie ihnen Trainer und Trainingsmöglichkeiten sowie Ausrüstung kostenfrei zur Verfügung stellten. Als Gegenleistung erwarteten sie von den Sportlern, dass diese Siege für sich und ihre Stadt errangen, um der Stadt dadurch zu hoher Bekanntheit und Ansehen zu verhelfen. Auch im Bereich der kulturellen und religiösen Events gab es zur Zeit der griechischen Hochkultur eine Art Sponsoring. So finanzierten die reichen Bürger Athens die Ausrichtung des Dionysien-Fests, um damit zu Ansehen zu gelangen. Zur Zeit des Römischen Reiches finanzierten die wohlhabenden und mächtigen Personen die Gladiatorenkämpfe und Wagenrennen. Die Gründe für ein Sponsoring waren häufig ähnlich – immer ging es darum, Popularität, soziale Stellung und Macht zu gewinnen (vgl. Connolly 2003, S. 21). Daneben entwickelte sich auch verstärkt das **Mäzenatentum**, das im Gegensatz zum Sponsoring keine Gegenleistung beinhaltet, sondern eine Art Förderung darstellt. Der Begriff Mäzenatentum geht zurück auf den römischen Berater des Kaisers Augustus Gaius Clinius Maecenas (70–8 v. Chr.). Maecenas versammelte und unterstützte die bedeutendsten Dichter seiner Zeit (vgl. Bruhn 2010, S. 3). Im Mittelalter entwickelte sich insbesondere durch die Macht und den Einfluss der katholischen Kirche, der Adeligen und Königshäuser das Sponsoring und Mäzenatentum weiter. So war es zum Beispiel Papst Julius II., der die Arbeit Michelangelos maßgeblich unterstützte und ihn für seine Arbeiten in der Sixtinischen Kapelle des Vatikans berühmt gemacht hat. Ebenfalls wurde Leonardo da Vinci von dem berühmten Mailänder Herzog Lodovico Sforza unterstützt (vgl. Masterman 2007, S. 13). Eine der bekanntesten Mäzenen-Familien in Europa zu dieser Zeit war die Familie Medici, die Florenz von 1434 bis 1637 beherrschte. Besonders Cosimo Elder (1389–1464) und sein Enkel Lorenzo il Magnifico (1449–1492) unterstützten

Maler, Bildhauer und Dichter wie da Vinci, Donatello und Boticelli. Sie trugen dazu bei, dass Florenz das Zentrum der künstlerischen Renaissance wurde. Im 16. Jahrhundert entstanden in England öffentliche Theater, die seitens des englischen Königshauses unterstützt wurden. Mindestens sechs Theater wurden so nach ihrer edlen Gönnerin, der Königin Elisabeth I. von England, benannt. Der Dichter William Shakespeare schuf und benannte nach ihr seine Schauspielgruppe – die Royal Theatre Group. Ebenso wurden von den Adligen und Königshäusern immer wieder berühmte Dichter und Komponisten, wie zum Beispiel Johann Sebastian Bach, Georg Friedrich Händel oder Wolfgang Amadeus Mozart, unterstützt, um im Gegenzug politisches und gesellschaftliches Ansehen zu erlangen bzw. zu genießen. Zu Beginn des 20. Jahrhunderts (1924) wurde dann erstmals in der Geschichte des Sponsorings eine Radiosendung gesponsert. Die Sendung „The everyday hour" wurde von der National Carbon Company gesponsert. Programmsponsoring (der Begriff selbst existierte zu dieser Zeit noch nicht) von Radioprogrammen wurde in dieser Zeit immer beliebter. In dieser Zeit unterstützte die Firma Procter & Gamble (P&G) viele Radiosendungen. P&G, bekannt mit seiner Seifenmarke „Ivory", präsentierte erstmals am 14. August 1933 mit Maria Perkins eine für die Hausfrau gedachte Radioserie, die später der *Soap Opera* (Seifenoper) ihren Namen gab (vgl. McKenna 2003, S. 31). Zu dieser Zeit lagen im Motorsport, dem Golf und dem Tennis die Vorläufer des modernen Sponsorings. So unterstützten Firestone und Bosch seit 1911 als Sponsor das berühmte „Indy 500-Rennen". 1956 gab es dann erstmals in der Geschichte des Sponsorings beim „Kentucky Derby Festival" einen Titelsponsor. Einer der zahlreichen Events während des gesamten Festivals wird seitdem als „Philip Morris Festival der Sterne" bezeichnet. Der eigentliche Durchbruch im modernen Sponsoring erfolgte aber erst Ende der 1960er Jahre. So war es beispielsweise in der Formel 1 das Lotus-Team, das sein Fahrzeug beim Großen Preis von Monaco 1968 mit dem Aufdruck des Sponsors „Gold Leaf" ins Rennen schickte; später wurde dann der gesamte Wagen in den Farben des Sponsors lackiert. Damals erfolgten Proteste bezüglich dieser Art der Werbung – heute wird in der Formel 1 jede noch so kleine Fläche am Fahrzeug zu Sponsoringzwecken vermarktet. 1984 erfolgte dann ein weiterer Meilenstein im Sponsoring. Erstmals fanden die Olympischen Spiele 1984 in Los Angeles mit Unterstützung von Sponsoren statt. Waren bisher die Austragungen von Olympischen Spielen für die Austragungsorte und Länder defizitär, so erzielten 1984 die Olympischen Spiele erstmals einen Überschuss von mehr als 230 Millionen US-Dollar. Seit den 1990er Jahren hat sich das Sponsoring fest bei Sport- und Kulturveranstaltungen etabliert und gehört längst zum Sport dazu.

Im deutschen Markt lagen 2013 die geschätzten Investitionen für Sponsoring bei insgesamt 4,8 Milliarden Euro, davon 2,9 Milliarden Euro im Sport-, 0,9 Milliarden Euro im Medien-, 0,6 Milliarden Euro im Public- und 0,4 Milliarden Euro im Bereich Kultur-Sponsoring (Statista GmbH 2012).

9.4 Sponsoringformen

In diesem Teil werden wir uns näher mit den möglichen Erscheinungsformen des Sponsorings beschäftigen. Welche möglichen Vereinbarungen können zwischen dem Sponsor und dem Gesponserten getroffen werden, welche Vermögensvorteile erhält der Gesponserte und welche Rechte können die Rechteinhaber (Gesponserte) auf ihre Sponsoren übertragen? Bei diesen Rechten unterscheidet man zwischen Sachanlagen (materielle Ansprüche) und immateriellen Ansprüchen, die durch eine Vereinbarung der beiden Parteien gemeinsam im Sponsoringpaket für eine vorgeschriebene Zeitdauer gebündelt und festgelegt werden. Dabei müssen zunächst die Eventorganisatoren als sogenannte Rechteinhaber in einer Analyse festlegen, welche Teile eines Events überhaupt für Sponsoring geeignet sind. Daneben muss genau überlegt und festgelegt werden, wie viele Sponsoren zu einem Event zugelassen werden sollen und wie das Eventprogramm derart gestaltet werden kann, dass unterschiedliche Sponsoringarten berücksichtigt werden können.

Grundsätzlich kann man zunächst zwischen zwei **Arten** des Sponsorings unterscheiden:

- **Fix-Sponsoring (festgelegtes Sponsoring):** Bei diesem Ansatz erhält ein möglicher Sponsor eine Reihe von Sponsoringrechten, die vorher durch den Gesponserten festgelegt wurden. Es findet bei diesem Ansatz keine gemeinsame Beratung mit dem Sponsor und dem Gesponserten über eine mögliche Individualisierung der einzelnen Sponsoringmöglichkeiten statt. Bei diesem Angebot von Rechten demonstriert der Rechteinhaber, dass er kein Interesse an den spezifischen Erwartungen und Bedürfnissen der potenziellen Sponsoren hat. Es mangelt am Verständnis für die Notwendigkeit eines sogenannten Sponsoring-Fit.
- **Variables Sponsoring (individuelles Sponsoring):** Bei diesem Ansatz handelt es sich um die Entwicklung eines maßgeschneiderten Sponsoringpakets, sodass für beide Seiten die Vorteile des Sponsorings erarbeitet werden. Durch die gemeinsame Erarbeitung eines individuellen Sponsoringpakets erfolgt ein bestmöglicher Sponsoring-Fit.

Daneben gibt es folgende grundlegende **Sponsoringrechte**:

- **Titelsponsoring:** Beim Titelsponsoring erhält der Sponsor bei dem Event eine dominierende Stellung (bzw. Exklusivität). Die Veranstaltung trägt im Titel den Namen des Titelsponsors. Beispiele sind: „Mercedes-Benz Championship", „Rolex Trophy", „VOLVO Ocean Race", „BMW Open" „The Barclays", „FedEX Cup".
- **Hauptsponsoring** bzw. **Presenting-Sponsoring:** Im Gegensatz zum Titelsponsor erscheint der Name des Sponsors nicht im Titel des Events, wird aber beispielsweise als Ergänzung zum Titel genannt. „Die Vierschanzentournee präsentiert von intersport und AUDI". Grafische Ergänzungen wie

Unternehmens-, Produkt- oder Markenlogos des Sponsors werden zumeist vor oder unmittelbar nach dem Titel der Veranstaltung mitaufgenommen. Titel- und Presenting-Sponsoring können zwar zusammen verwendet werden, davon wird aber nur selten Gebrauch gemacht.

- **Name-Sponsoring** oder auch **Sportstättensponsoring:** Diese Rechte aus dem Name-Sponsoring sind mit physischen Strukturen wie Arenen, Stadien, Hallen und Galerien verbunden. Beispiele sind hier „Commerzbank-Arena", „Allianz Arena" oder „Signal Iduna Park". In der Regel werden bei diesem Sponsoring langfristige Verträge abgeschlossen, bei dem das Sponsoring mit einer Umbenennung des betreffenden Gebäudes in den Unternehmens-, Produkt- oder Markennamen verbunden ist.
- **Bereichssponsoring** oder **Sektorensponsoring:** Bereichssponsoren erhalten exklusive Sponsorenrechte für ihre Branche oder Produktkategorie. Mit anderen Worten: Ein Rechteinhaber verzichtet darauf, Sponsorenverträge mit mehr als einem Sponsor aus einem Industriesektor abzuschließen.
- **Lizenzsponsoring** oder **Licensing:** Beim Licensing erhält der Sponsor die Möglichkeit, Maskottchen, Embleme oder andere Zeichen des Gesponserten für die eigene Vermarktung zu nutzen. So darf beispielsweise die Bitburger Brauerei als Sponsor des DFB dessen Logo nutzen.
- **Prädikatssponsoring:** Beim Prädikatssponsoring können die Sponsoren die Attribute des Gesponserten werblich nutzen, zum Beispiel „Offizieller Ausrüster …", „Offizieller Lieferant …" (vgl. Bruhn 2010, S. 106).
- **Lieferantensponsoring:** Beim Lieferantensponsoring können die Sponsoren ihre Produkte oder Marken, je nach Notwendigkeit, als *In-kind-Sponsoring* (materielles Sponsoring) in die Veranstaltung einbringen.

9.5 Sponsoringstrukturen

Nachdem wir zuvor über die verschiedenen Möglichkeiten des Sponsorings gesprochen haben, werden wir uns im folgenden Teil mit den Strukturen des Sponsorings befassen. Je nach Event müssen die verantwortlichen Personen darüber entscheiden, wie viele Sponsoren grundsätzlich für den Event gewonnen werden können. Je nach Sponsorenrechten ist es zusätzlich erforderlich, den Status bzw. Level für die möglichen Sponsoren festzusetzen. Grundsätzlich können wir dabei drei verschiedene Ansätze unterscheiden.

- **Exklusiv-Sponsorship:** Exklusiv-Sponsorship bedeutet, dass beim Event nur ein Sponsor auftritt, der exklusiv sämtliche Sponsoringrechte genießt. Oft wird bei einer Exklusiv-Sponsorship auch das Titelsponsoring angewendet. Es kann durchaus auch einmal passieren, dass trotz intensiver Bemühungen nur ein Sponsor akquiriert werden kann.

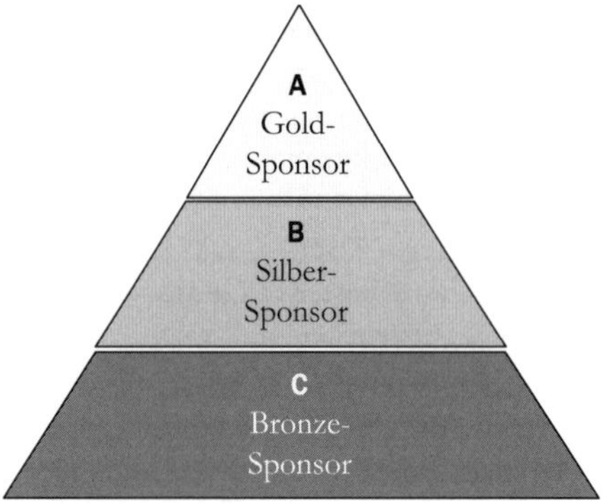

Abb. 23: Mehrstufige Sponsorship

- **Mehrstufige Sponsorship:** Von einer mehrstufigen Sponsorship spricht man, wenn es mehrere Sponsoren für den Event gibt. Zusätzlich erhalten die Sponsoren unterschiedliche

Rechte (abgestuft), das heißt, aufgrund der unterschiedlichen Rechte entsteht eine Hierarchie, die in Form einer Pyramide mit unterschiedlichen Ebenen dargestellt wird.

Jede der einzelnen Ebenen verfügt über mehr Status als die darunter liegende Ebene. Um eine mehrstufige Sponsorship zu erstellen, ist es natürlich unabdingbar, im Minimum zwei Hierarchien zu haben. Dabei kann eine beliebige Anzahl von Sponsoren auf jeder dieser Hierarchien vorhanden sein. Es besteht aber keine maximale Anzahl von Ebenen. Jeder Sponsor innerhalb derselben Ebene verfügt über die gleichen Rechte. Oft werden die verschiedenen Stufen der mehrstufigen Sponsorship mit Namen versehen, die die Unterscheidung deutlich machen sollen. Beispiele könnten Gold-, Silber- und Bronze-Sponsoren sein.

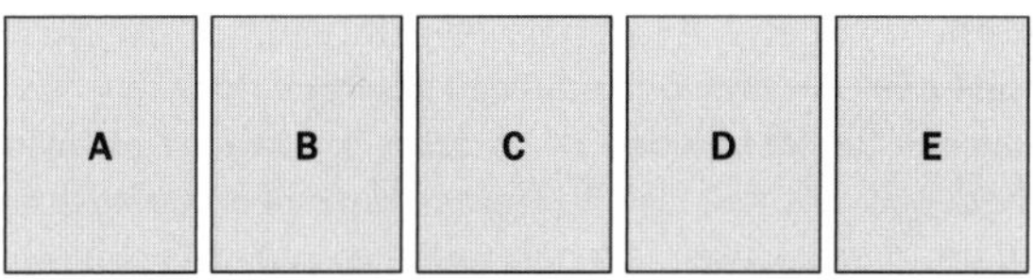

Abb. 24: Einstufige Co-Sponsorship

- **Co-Sponsorship:** Oft können Events auch lediglich Co-Sponsorship anbieten. Das ist dann der Fall, wenn sich mehrere Sponsoren an einer Sponsorship für den Event (mit oder ohne Konkurrenzklausel) beteiligen. Man spricht in diesem Zusammenhang auch von einer einstufigen Sponsorship, da hier alle Sponsoren den gleichen Rechtestatus besitzen, die Struktur ist also flach.

9.6 Sponsoringplanungsprozess

✱ Tipp!

Planungsprozess eines erfolgreichen Sponsorings zur Gewinnung von Sponsoren – aus Sicht der Rechteinhaber (Eventverantwortliche)

Die Entwicklung eines Eventprogramms ist untrennbar mit der Gewinnung von einzelnen Sponsoren verbunden. Im Idealfall würden die Eventverantwortlichen (Rechteinhaber) zunächst mit den potenziellen Sponsoren verhandeln und anschließend entscheiden, wie sie die möglichen Sponsoren in das Eventprogramm integrieren können. Jedoch warten Sponsoren in der Regel nicht geduldig auf mögliche Events, bei denen sie sich dann als Sponsor einbringen können. Ebenso finden die gemeinsamen Gespräche zwischen Eventverantwortlichen mit möglichen Sponsoren zu unterschiedlichen Zeitpunkten statt. Aus Sicht der Rechteinhaber ist es deshalb zunächst erforderlich, den Event und das Programm eingehend zu analysieren, um daraus anschließend ein Konzept zur Gewinnung von Sponsoren zu entwickeln.

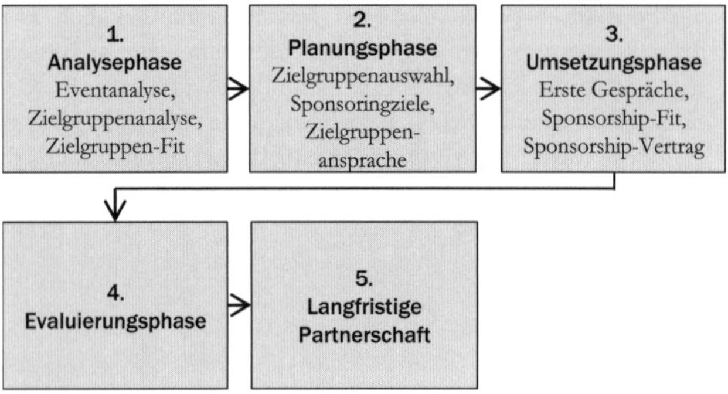

Abb. 25: Sponsoringplanungsprozess

Analysephase

Im ersten Schritt gilt es, den Event bezüglich möglicher Sponsoringmöglichkeiten zu analysieren. Im Rahmen der eventbezogenen Analyse folgt anschließend eine Bestandsaufnahme darüber, welche Aktivitäten für Sponsoren überhaupt angeboten werden können. Die Beantwortung der nachfolgenden Fragen kann dabei als Leitfaden für die Analysephase helfen:

- Was gibt es über die Eventhistorie zu sagen, findet der Event zum ersten Mal statt oder hat sich der Event bereits etabliert?
- Welche Eventziele sollen erreicht werden?
- Wann und wo findet der Event statt?
- Wer organisiert die Veranstaltung?
- Welche Ressourcen stehen zur Verfügung?
- Welche Aktivitäten werden bei dem Event stattfinden?
- Welche Personen/Zielgruppen werden an dem Event teilnehmen?

Nach der Eventanalyse erfolgt eine erste Analyse hinsichtlich möglicher Sponsoren (Zielgruppe). Welche Sponsoren aus welchen Bereichen und Branchen sind denkbar? Um diese Analyse gewissenhaft durchzuführen, bedarf es detaillierter Untersuchungen über die einzelnen potenziellen Sponsoren, ihre Produkte und Leistungen. Gab es in der Vergangenheit bereits mögliche Sponsorship-Engagements bei ähnlichen Events? Im Anschluss an diese Untersuchung werden die möglichen Zielgruppen des potenziellen Sponsors mit den zu erwartenden Eventbesuchern verglichen. Inwieweit stimmen die Zielgruppen des Sponsors mit der Besucherzielgruppe überein?

Planungsphase

In der anschließenden Planungsphase werden mögliche Sponsoren als Zielgruppe ausgewählt. Dazu werden einzelne Leistungsangebote und mögliche Vorteile für jeden Sponsor erarbeitet.

Die ermittelten Vorteile für den Sponsor müssen dabei realistisch und erreichbar sein – Versprechen, die später nicht eingehalten werden, führen zu Unzufriedenheit aufseiten der Sponsoren. Bevor eine erste Kontaktaufnahme zu möglichen Sponsoren erfolgt, muss der Rechteinhaber sich im Klaren darüber sein, was er von den Sponsoren erwartet und welche finanziellen Verpflichtungen es seitens des Sponsors geben wird.

Umsetzungsphase

In der Umsetzungsphase werden erste Gespräche mit möglichen Sponsoren geführt. Das Sponsorenkonzept wird präsentiert und die erarbeiteten Zielgruppenmerkmale und -übereinstimmungen gemeinsam mit den Sponsoren erörtert. Welche Sponsorenformen können dem Sponsor angeboten werden? Welche Möglichkeiten des Networkings bestehen, damit der Sponsor neben seiner Zielgruppe weitere Geschäftsbeziehungen mit anderen Unternehmen aufbauen kann? Welche Möglichkeiten der Kommunikation sind hinsichtlich Medien und Werbung geplant? Wie werden Firmenlogos und -namen auf Werbeflyer, dem Veranstaltungsprogramm, Plakaten und in der lokalen Zeitung präsentiert? Gibt es Möglichkeiten für die Sponsoren, vor Ort Merchandising zu vertreiben? Wie erfolgt der gesamte Kommunikationsmix für die komplette Veranstaltung, im Vorfeld des Events, während und im Nachgang des Events? Je höher die Übereinstimmungen in den einzelnen Zielgruppenmerkmalen sind, umso höher ist der Sponsoring-Fit. Sind alle Einzelheiten geklärt, kommt es im Allgemeinen zu einem ersten Vertragsentwurf, in dem die getroffenen Vereinbarungen festgehalten werden. Da Sponsoringverträge zahlreiche und individuelle Gestaltungsmöglichkeiten eröffnen, gibt es keine Standardverträge oder allgemeingültige Verfahren. Juristischer Beistand ist bei solchen komplizierteren Sachverhalten stets zurate zu ziehen.

Evaluierungsphase

Schon in der Pre-Eventphase kann eine erste Erfolgskontrolle über das Sponsoring durchgeführt werden. Bruhn unterscheidet dabei drei Bereiche der Erfolgskontrolle: Prozesskontrolle, Effektivitätskontrolle und Effizienzkontrolle (vgl. Bruhn 2010, S. 68). Bei der Prozesskontrolle kann beispielsweise überprüft werden, ob die getroffenen Vereinbarungen eingehalten und einzelnen Aktivitäten durchgeführt werden. Eine Kontrolle kann hier beispielsweise mithilfe von Checklisten und Zeitplänen erfolgen. Die Effektivitätskontrolle überprüft die psychologischen und ökonomischen Kriterien des Sponsorings. Werden die gesetzten Kommunikationsziele erreicht? Die Effizienzkontrolle schließlich evaluiert das Sponsoring hinsichtlich des Kosten-Nutzen-Vergleichs, das heißt, in welchem Verhältnis stehen die Aufwendungen und eingesetzten Mittel zu dem realisierten Nutzen. Neben den reinen Besucherzahlen spielt auch die **Besucherqualität** eine wichtige Rolle (war die Zielgruppe des Sponsors vertreten?). Zusätzlich zu den Besuchern sind auch die Reichweiten der Medien (Print, Radio und/oder TV) zu beurteilen (vgl. Bruhn 2010, S. 68).

✱ Tipp!

Langfristige Partnerschaft

Hat sich aus dem Sponsoring heraus eine positive Evaluierung für beide Seiten ergeben, ist es wichtig, eine langfristige Partnerschaft aufzubauen.

✱ Zusammenfassung

Die meisten nationalen und internationalen Sport- und Kulturevents wären ohne Sponsoring heute nicht mehr realisierbar. Bereits in der Antike gab es während der Olympischen Spiele eine Art Sponsoring. Dabei unterstützten die reichen Bürger der jeweiligen Städte ihre Athleten, indem sie ihnen Trainer und Trainingsmöglichkeiten sowie Ausrüstung kostenfrei zur Verfügung stellten, um im Gegenzug zu Ruhm zu gelangen. Sponsoring bezeichnet somit die Bereitstellung von Geld, Sachmitteln, Dienstleistungen oder Know-how durch Unternehmen und Institutionen zur Förderung von Personen und/oder Organisationen. Im Gegensatz zum Mäzenatentum bzw. der Unternehmensförderung findet beim Sponsoring immer eine Leistung und Gegenleistung statt. Grundsätzlich lässt sich zwischen Fix- und variablem Sponsoring unterscheiden. Zu den gängigsten Sponsoringrechten zählt man das Titel-, Haupt-, Name-, Bereichs-, Lizenz-, Prädikats- und Lieferantensponsoring. Neben den Sponsoringrechten unterscheidet man zwischen Exklusiv-, mehrstufiger und Co-Sponsorship. Um erfolgreich Sponsoren für den Event zu gewinnen, müssen sowohl der Event als auch die Zielgruppen möglicher Sponsoren genau analysiert werden, um einen größtmöglichen Sponsorship-Fit zu erreichen. Nach der Umsetzung muss in der Evaluierungsphase das Kosten-Nutzen-Verhältnis genauer analysiert und beurteilt werden, um bei einer positiven Evaluierung eine langfristige Partnerschaft zu entwickeln.

10 Personalmanagement von Events

„Selbst Kaiser können nicht alles selbst machen"
(Bertolt Brecht)

✱ Lernziele

Nach der Lektüre dieses Kapitels werden Sie wissen,

- was man unter dem Begriff Personalmanagement versteht.
- welche Instrumente und Methoden zur Personalgewinnung bei Events eingesetzt werden können.
- welche Eigenschaften Eventmanager als Leiter des Eventprojekts erfüllen.
- wie Kompetenzen und Verantwortlichkeiten im Eventteam festgelegt und koordiniert werden.

10.1 Was Sie vorab wissen sollten

Neben einer guten Konzeption, einer effektiven Eventorganisation und einer gesicherten Finanzplanung benötigen Events ebenfalls eine effektive Planung und Steuerung im Bereich des Personalmanagements, um von Anfang bis Ende erfolgreich realisiert zu werden. Die Tatsache, dass Events zu einem großen Teil aus Service und Dienstleistungen bestehen, macht es deshalb erforderlich, sich besonders um die Personalplanung und das Personalmanagement zu kümmern.

In einfachen Worten brauchen Eventprojekte Personen,

- die eine Idee haben (Urheber, Initiatoren),
- die das Eventprojekt befürworten und unterstützen (Projekt-Sponsoren),

- die den Event planen und umsetzen (Projektmanager, Eventmanager, Akteure und Dienstleister) und
- die die Projektarbeit im Event koordinieren und leiten (Projektleiter, Teamleiter, Eventmanager)

Eventmanager sollten mit den wichtigsten Aspekten der Personalplanung und des Personalmanagements vertraut sein. Daher werden wir uns im folgenden Kapitel mit ersten Überlegungen zum Thema Personalmanagement im Kontext von Events beschäftigen. Wer sind die wichtigsten Personen bzw. Personengruppen, mit denen Eventmanager während des gesamten Projekts zusammenarbeiten? Wie werden Teams zusammengesetzt und welche Aufgaben erfüllen die einzelnen Teammitglieder und Teamleiter?

10.2 Personalmanagement und -planung

Personalmanagement

Unter Personalmanagement versteht man „die Summe personeller Gestaltungsmaßnahmen zur Verwirklichung der Unternehmensziele. Der Begriff wird vielfach synonym mit Personalwesen oder Personalwirtschaft verwendet." (vgl. Bartscher (o.J.)). Mittlerweile hat sich allerdings die traditionelle Auffassung bezüglich der personalpolitischen Aufgaben im Personalwesen (Lohn- und Gehaltsabrechnung, Personalaktenführung, Beschaffung und Freisetzung von Mitarbeitern) in den letzten 40 Jahren stark verändert und einem grundlegenden Wandel unterzogen (vgl. Holtbrügge 2013, S. 2). Dies drückt sich auch in einem geänderten Begriffswandel aus, denn statt Personalwesen oder Personalverwaltung spricht man heute eher von Personalmanagement bzw. Human Ressource Management.

Personalplanungsprozess im Eventprojekt

Wie wir bereits in der Einleitung dieses Kapitels erfahren haben, gehört das Personalmanagement zu den wichtigsten Erfolgsfaktoren eines Events. Die richtige Personalauswahl an festangestellten Mitarbeitern, Teilzeitbeschäftigten oder freiwilligen Helfern ist daher von essentieller Bedeutung für einen erfolgreichen Event. Dementsprechend müssen Eventmanager für die anstehenden Aufgaben und Aktivitäten eines Events nicht nur den zu erwartenden Personalbedarf mit den dazugehörigen Anforderungsprofilen ermitteln, sondern auch aus dem Bewerberpool die Personen auswählen, die entsprechend ihrer fachlichen, methodischen und sozialen Kompetenzen am besten geeignet sind. Die Abbildung illustriert dabei die wichtigsten Schritte des Personalplanungs- und Auswahlprozesses.

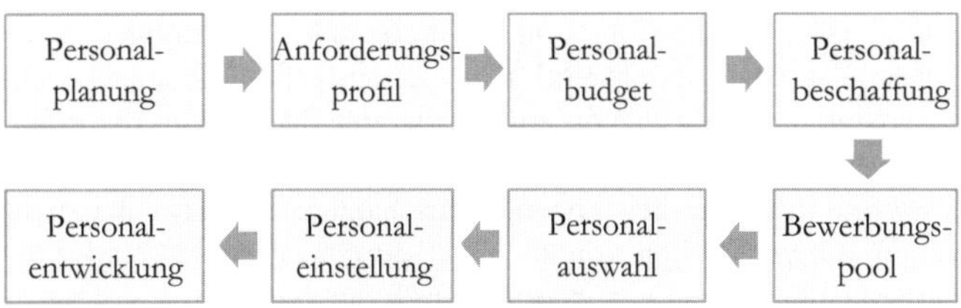

Abb. 26: Personalplanungs- und -auswahlprozess
Quelle: in Anlehnung an Allen 2008, S. 245

Im ersten Schritt **Personalplanung** geht es darum, den gesamten Personalbedarf bezüglich des Events und der einzelnen Maßnahmen zu planen. Dies beinhaltet sowohl die Ermittlung des gegenwärtigen als auch zukünftigen Personalbedarfs, der erforderlich ist, um den Event realisieren zu können (quantitative Dimension) (vgl. Holtbrügge 2013, S. 100), also die Beantwortung der Frage: „Welche Eventaktivitäten, sowohl im Projektmanagement als auch in der Durchführung und Nachbereitung, benötigen wieviel Mitarbeiter?“ Die Planung erfolgt sowohl für festangestellte Mitarbeiter und Teilzeitkräfte als auch für die Anzahl freiwilliger Helfer, die benötigt werden.

Im zweiten Schritt **Anforderungsprofile** wird die Qualifikation (qualitative Dimension) des benötigten Personals festgelegt.

Dabei wird in dieser Phase ebenfalls ermittelt, welche Mitarbeiter mit den notwendigen Anforderungen zur Verfügung stehen, sodass ein Teil des Personalbedarfs bereits durch interne Mitarbeiter gedeckt ist. Zu den Anforderungsprofilen zählen sowohl fachliche, persönliche und soziale Kompetenzen, aber auch die Teamfähigkeit und eine hohe Arbeitsmotivation (vgl. Holzbaur 2010, S. 166). Neben der Qualifikation wird auch im Anforderungsprofil die zeitliche und räumliche Dimension festgelegt, zu dem die Personen benötigt werden, zum Beispiel nur am Event und Veranstaltungsort selbst oder bereits vorher schon im Rahmen der Planung und Organisation im Unternehmen.

Im dritten Schritt **Personalbudget** werden dann die Kosten für die Personalbeschaffung und den Personaleinsatz budgetiert, da diese Zahlen in das Eventbudget miteinfließen (finanzielle Dimension). Hier ist es von entscheidender Bedeutung, die richtige Balance zwischen den Kosten für Eigenleistungen und den Kosten für Fremdleistungen abzuschätzen. Es kann bei manchen Eventaktivitäten manchmal durchaus besser und kostengünstiger sein, Leistungen an Dritte zu vergeben, als diese *Inhouse* mit eigenen Mitarbeitern zu erbringen.

In der Phase der **Personalbeschaffung** geht es um die sogenannte Personalwerbung, die auch zuweilen als Personalmarketing bezeichnet wird. Darunter verstehen wir die unterschiedlichen Instrumentarien, die eingesetzt werden, um potenzielle Bewerber für die zu besetzende Stelle zu erreichen und diese zu veranlassen, sich bei geeigneter Qualifikation zu bewerben (vgl. Holtbrügge 2013, S. 107). Zu den verschiedenen Instrumentarien und Methoden zählen zunächst innerbetriebliche Stellenausschreibungen sowie Mitarbeiterempfehlungen. Zur externen Personalwerbung gehören Stellenanzeigen in Zeitungen, Zeitschriften, auf Online-Jobportalen und der eigenen Firmenhomepage sowie in den Sozialen Netzwerken (Social Media). Hinzu kommen Initiativbewerbungen, Campus-Recruitings (Hochschulmarketing), aber auch Personalvermittler und die Bundesagentur für Arbeit (vgl. Holtbrügge 2013, S. 108–115).

Sobald eine ausreichende Zahl an Bewerbungen im **Bewerbungspool** ist, gilt es, im nächsten Schritt **Personalauswahl** geeignete Bewerber herauszufiltern. Gegenstand der Personalauswahl „bildet die Identifikation desjenigen Bewerbers, dessen Eignungsprofil die höchste Übereinstimmung mit den Anforderungsmerkmalen der zu besetzenden Stelle aufweist" (Holtbrügge 2013, S. 117). Dazu stehen mehrere Verfahren und Methoden zur Verfügung:

- Analyse der Bewerbungsunterlagen (Anschreiben, Lebenslauf, Arbeitszeugnisse, eventuell Referenzen)
- Selbstpräsentation in sozialen Netzwerken (Social Media Screening, zum Teil umstritten) (vgl. Holtbrügge 2013, S. 121)
- Personalfragebogen
- Vorstellungsgespräch
- Testverfahren (Assessment Center)

Holtbrügge beschreibt die einzelnen Methoden und Verfahren zur Personalauswahl im Detail (vgl. Holtbrügge 2013, S. 117–129).

Ist eine Personalauswahl erfolgt, so gilt es, im nächsten Schritt **Personaleinstellung** den/die neuen Mitarbeiter/innen mit Abschluss eines Arbeitsvertrages sozial und fachlich einzugliedern (vgl. Holtbrügge 2013, S. 130). Die fachliche Einarbeitung soll dem/der Mitarbeiter/in ermöglichen, die mit der Stelle verbundenen Aufgaben und Anforderungen systematisch kennenzulernen. Die soziale Integration soll dazu beitragen, „dass sich neue Mitarbeiter möglichst schnell in ihrer neuen Unternehmung wohlfühlen" (Holtbrügge 2013, S. 130).

Im letzten Schritt **Personalentwicklung** gilt es, die neuen Mitarbeiter/innen umfassend und vollständig über die an sie gestellten Anforderungen zu informieren und gegebenenfalls zu trainieren. Dabei erhalten sie Informationen zum geplanten Event (Ziele, Zeitraum, Ort, Programmdetails, Organisation), aber auch Besichtigungen vor Ort und Einarbeitungsmaßnahmen sowie Trainings. Darüber hinaus können Fortbildungsmaßnahmen zur Vermittlung von Fachwissen (*knowledge*), zur Erweiterung von Fähigkeiten (skills) und/oder zur Bildung neuer Einstellungen (attitudes) durchgeführt werden (vgl. Holtbrügge 2013, S. 134).

10.3 Aufgaben und Verantwortlichkeiten des Eventmanagers

Je nach Führungs- und Aufgabenverantwortung innerhalb des Eventprojekts ist es erforderlich, zu Beginn des Eventprojekts Verantwortlichkeiten und Kompetenzen der am Projekt beteiligten Personen schriftlich in einem Organigramm festzulegen. Aufgaben und Verantwortlichkeiten des Projektmanagers im Bereich des gesamten Eventprojektmanagements können dabei in der Leitungsfunktion sein:

- Zusammenstellen des Projektteams in Abstimmung mit den Linienvorgesetzten,
- Vorbereiten sämtlicher Eventprojektunterlagen und -pläne,
- Festlegen der Verantwortlichkeiten und Arbeitsziele für jedes Teammitglied,
- Kontrolle und Leiten des Projektfortschritt, inklusive Risiken- und Chancenabgleich,
- Managen von Projektspielräumen und möglicher Änderungen,
- termingerechtes Liefern von Projektergebnissen – auch hinsichtlich Budget und der vereinbarten Qualität,
- Kommunikation mit allen am Eventprojekt beteiligten Personen und Stakeholdern (Interessensgruppen),
- Nachbereitung und Reporting des Eventabschlusses.

Die Anforderungsprofile eines Eventprojektleiters sind dabei vielfältig und können in die vier Bereiche Wissen, Skills, Verhalten und Erfahrung unterteilt werden:

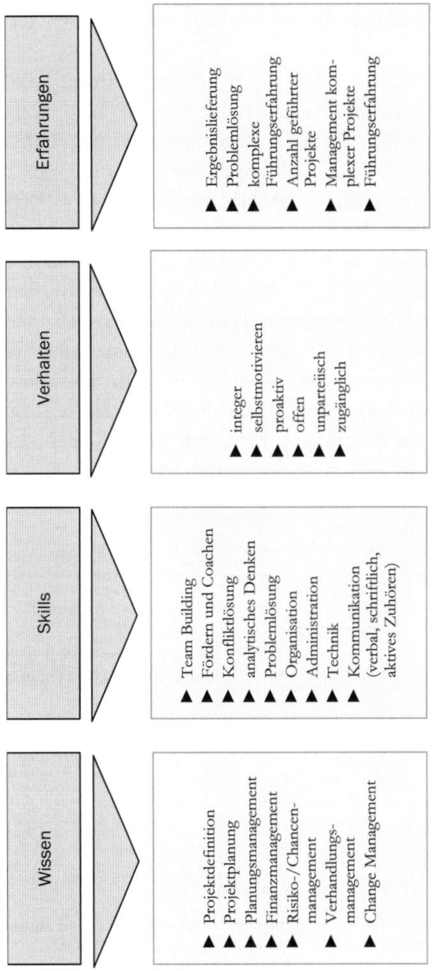

Abb. 27: Anforderungsprofil des Eventmanagers hinsichtlich der Projektleitung von Events

10.4 Personelles Management bei Events

Dem Projektleiter des Events obliegt während der gesamten Laufzeit des Eventprojekts nicht nur die Hauptverantwortung im Hinblick auf Planung, Organisation und Umsetzung des Events, sondern auch die operative Führung der am Projekt beteiligten Mitarbeiter (vgl. Holzbaur 2010, S. 171). Je nach Art und Weise, wie der Eventmanager seine Führungsaufgaben und -verantwortung wahrnimmt, lassen sich verschiedene Stile und Verhalten erkennen, die zwischen den beiden Extremen von **autoritärem** bis **kooperativem Führungsstil** denkbar sind. Dazu entwickelten Robert Tannenbaum und Warren H. Schmidt 1973 ein eindimensionales Führungsstilmodell (Tannenbaum-Modell), dass nur die Einflussgröße von autoritär bis kooperativ als Führungsstil im Führungsprozess berücksichtigt und in verschiedenen Stufen analysiert:

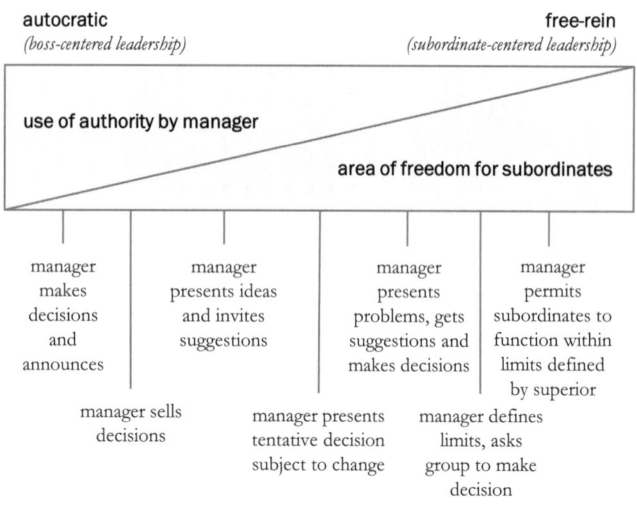

Abb. 28: Continuum Model
Quelle: in Anlehnung an Tannenbaum und Schmidt 1973, S. 4

Folgende Führungsstile lassen sich dabei unterscheiden:

[1] **autoritär:** Führungsperson entscheidet ohne Konsultation und Information der mitarbeitenden Personen.

[2] **beratend:** Führungsperson entscheidet, Fragen zur Entscheidung werden jedoch zugelassen. Mit der Beantwortung dieser Fragen erhofft der Führende sich eine bessere Akzeptanz des Entscheides bei den Mitarbeitern.

[3] **konsultativ:** Die Führungsperson informiert die Mitarbeiter über die beabsichtigten Entscheidungen. Die mitarbeitenden Personen können ihre Meinung einbringen und so gegebenenfalls die Führungsperson in der Entscheidung beeinflussen (beratende Funktion der Mitarbeiter).

[4] **partizipativ:** Führungsperson setzt für seine Mitarbeiter einen Entscheidungsrahmen. Die einbezogene Gruppe entwickelt verschiedene Lösungsvorschläge, aus denen die Führungsperson gemeinsam mit der Gruppe die Entscheidung fällt.

[5] **kooperativ (delegativ):** Die Teammitglieder machen Vorschläge und entscheiden innerhalb des vorgegebenen Rahmens. Die Führungsperson fungiert hier als Koordinator nach innen und außen.

Es ist daher von enormer Bedeutung für eine erfolgreiche Projektarbeit, dass ein gutes personelles Management die Punkte **Führung**, **Motivation** und **Kommunikation** beinhaltet. Der Eventmanager als Führungsperson sollte immer berücksichtigen, dass stets der Mensch im Mittelpunkt steht, das heißt, die Teammitglieder sollten nicht an der Art der Erledigung, sondern am Ergebnis gemessen werden. Dies bestärkt die konstruktive und erfolgreiche Mitarbeit im Eventprojekt, stärkt sowohl die Motivation der Teammitglieder und Helfer als auch das Team selbst.

✱ Zusammenfassung

Modernes Personalmanagement spielt auch im Eventmanagement eine wichtige Rolle. Ob festangestellte Mitarbeiter oder freie Mitarbeiter – auf Basis des Eventkonzepts muss entschieden werden, wie viele und welche Mitarbeiter für den Event erforderlich sind. Bei der personellen Bedarfsplanung ist es daher zunächst wichtig, welche Aufgaben und Leistungen durch eigene Mitarbeiter abgedeckt werden können und welche durch Fremdpersonal erbracht werden sollen. Um geeignetes Personal zu finden, müssen die jeweiligen Anforderungsprofile zu jeder Personalstelle mit den Qualifikationen der Bewerber abgeglichen werden. Zusätzlich werden die Personalkosten in das Eventbudget eingetragen. Während des gesamten Eventprojekts übernimmt der Eventmanager oftmals die Personalverantwortung für sein Team. Der Eventmanager als Führungsperson sollte immer berücksichtigen, dass stets der Mensch im Mittelpunkt steht. Dies bestärkt die konstruktive und erfolgreiche Mitarbeit im Eventprojekt, stärkt sowohl die Motivation der Teammitglieder und Helfer als auch das Team selbst.

11 Eventumsetzung

11.1 Was Sie vorab wissen sollten

Nach der Planung im Bereich der Konzeption und Eventplanung sowie der Finanz- und Personalplanung wollen wir uns im folgenden Teil näher mit der Durchführung von Marketing Events beschäftigen. Die Planungen und Konzepte werden zu lebendigen Bildern. Der Event *lebt* – Live-Kommunikation wird zum Erlebnis, das die Besucher als Teil dieses Erlebnisses werden lässt. Damit der Event auch erfolgreich durchgeführt werden kann, müssen viele Details vor Ort noch organisiert, kontrolliert, besprochen und ggf. auch geändert werden.

✱ Lernziele

Nach der Lektüre dieses Kapitels werden Sie wissen,

- welche einzelnen Phasen bei der Eventdurchführung durchlaufen werden.
- welche Aufgaben und Tätigkeiten in der Vorlaufphase wichtig sind.
- was während des eigentlichen Events wichtig und zu beachten ist.
- welche Aufgaben und Tätigkeiten in der Nachlaufphase wichtig sind.
- wie Checklisten und Regiepläne eine reibungslose Eventumsetzung sicherstellen.
- welche Rollen und Aufgaben die Eventlogistik erfüllt.

11.2 Eventdurchführung

Nachdem alle Planungen, wie zum Beispiel die organisatorische Projektplanung des Events, Zeitpläne, externe Vergaben und das Einladungsmanagement abgeschlossen sind, folgt im nächsten Schritt die sogenannte Eventdurchführung. Die Durchführung des Events beginnt aber nicht erst mit dem Start des Events selbst, sondern lässt sich in die drei wichtigen Phasen (1. Vorlaufphase – 2. Aktivphase – 3. Nachlaufphase) unterteilen.

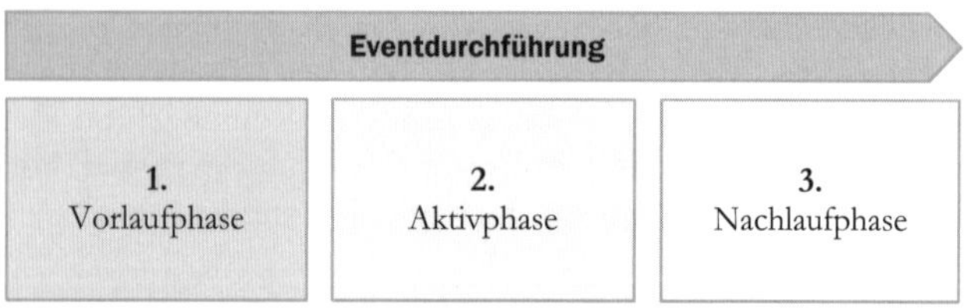

Abb. 29: Drei Phasen der Eventumsetzung

11.3 Vorlaufphase

In der Vorlaufphase werden zum einen alle notwendigen Aufbau- und Vorbereitungsarbeiten vor Ort ausgeführt, zum anderen aber auch die letzten Detailmaßnahmen besprochen. In diesem Zusammenhang verwendet man auch häufig den Begriff des **Staging** (vgl. Bowdin et al. 2010, S. 491ff). Zu den wichtigsten Bereichen zählen:

- **Location**
- **Bühne**
- **Dekoration**
- **Ton** und **Licht**
- **Spezialeffekte**
- **Künstler**, **Redner** und **Entertainment**
- **Catering**

Location

Die Location als Veranstaltungsort ist ein zentrales Element der Eventinszenierung und von maßgeblicher Bedeutung für einen erfolgreichen Event (vgl. Schäfer-Mehdi 2012, S. 108). Bereits in der Planungsphase sollte daher in mehreren Meetings in der Location selbst über die Möglichkeiten der Nutzung, Gestaltung und Raumplanung detailliert mit den Verantwortlichen der Eventlocation gesprochen worden sein (sogenannte Site Inspection). In der Vorlaufphase geht es nun darum, dass zum einen ein reibungsloser Ablauf bezüglich des Aufbaus und der einzelnen Gewerke gewährleistet ist und die Planungsvorgaben vor Ort auch umgesetzt werden können. Zum anderen muss auch dafür gesorgt werden, dass die geplanten Programmabläufe vor Ort geprobt und gegebenenfalls leicht modifiziert werden können. Es ist daher äußerst wichtig, dass der Eventmanager bzw. das Eventteam vor Ort ist, um die Abläufe zu koordinieren und zu monitoren.

Bühne

Ob eine Bühne komplett installiert wird oder eine in der Location vorhandene Bühne eingesetzt wird – die Bühne bildet wie bei einer Theaterbühne den Mittelpunkt des Eventprogramms. Im Bereich Bühne ist es wichtig, die Bühnenpläne (meist Grundriss, zum Teil auch 3D-Renderings) vor Ort im Detail nochmals abgesprochen werden. Daneben werden auch die Programmabläufe mithilfe von Regieplänen und Bühnenanweisungen mit den Bühnentechnikern bzw. -managern detailliert durchgegangen. Regie und Bühnenmanager müssen sich eng und genau abstimmen, um beim Event für einen reibungslosen und erfolgreichen Ablauf zu sorgen.

Dekoration

Requisiten, Dekorationen und Gestaltungselemente geben der Location das Ambiente des Gesamtthemas, das in der Eventkonzeption verabschiedet wurde. Beim Aufbau vor Ort muss die Positionierung so abgestimmt sein, dass diese Elemente auch beim Event die Eventteilnehmer in die beabsichtigte und gewünschte *Themenwelt* eintauchen lassen.

Ton und Licht

Ton und Beschallung spielen bei nahezu allen Events eine zentrale Rolle. Ob gesprochenes Wort oder Musik und Gesang, eine einwandfreie Raumakustik ohne störende Nebengeräusche sind essentiell für die erfolgreiche Durchführung eines Events. In der Vorlaufphase ist es deshalb extrem wichtig, für eine einwandfreie Akustik zu sorgen. Diese lässt sich meist erst vor Ort individuell mit den Tontechnikern abstimmen. Wichtig ist zudem, dass der Ton (Schalldruckpegel) sich gleichmäßig im ganzen Raum verteilt und sich nicht auf einzelne *Schallzentren* beschränkt. Bezüglich der technischen Möglichkeiten stehen heutzutage eine Vielzahl an Kommunikationstechniken zur Verfügung, die der Eventmanager mit Experten bereits in der Planung frühzeitig besprechen und abstimmen sollte.

Licht erfüllt bei Events zwei Funktionen. Zum einen sorgt Allgemeinlicht dafür, dass sich die Teilnehmer am Veranstaltungsort orientieren und zurechtfinden können. Hierfür muss für eine ausreichende Grundbeleuchtung gesorgt werden. Dazu gehören auch die Notbeleuchtungen, Signalbeleuchtungen für Notausgänge, Beleuchtung in Toilettenräumen und Zugängen etc. Während der Vorlaufphase sind diese gemeinsam mit den Verantwortlichen der Location hinsichtlich ihrer Funktionstüchtigkeit zu überprüfen.

Daneben erfordern unterschiedliche Eventformate auch unterschiedliche Beleuchtungskonzepte: Ob LED-Wände, Projektionen, Akzent-, Bühnen-, Vortrags- und Ambientbeleuchtung oder indirektes Licht zur Dekoration, der Einsatz bedarf im Vorfeld eines eigenen Lichtkonzepts. Dieses Konzept gilt es nun mit den Lichttechnikern vor Ort zu besprechen und einzurichten bzw. auszuleuchten. Bei der gesamten Ton- und Lichtinstallation ist darauf zu achten, dass Kabel und Mehrfachsteckdosen nicht zu gefährlichen Stolperfallen werden.

Spezialeffekte

Bei den meisten Events wird neben dem normalen Einsatz von Veranstaltungstechnik zunehmend mehr Technik für Spezialeffekte eingesetzt. Ob 3D-Mapping auf Wänden und Gebäudefassaden, pyrotechnische Effekte für Indoor oder Outdoor, Virtual-Reality-Simulation oder Holo-Projektionen, die technischen Möglichkeiten bieten komplexe Anwendungen mit spektakulären Effekten. Bei allen technischen Möglichkeiten muss der Einsatz sowohl in der Art der Durchführung als auch im Timing genau abgestimmt werden. Oftmals werden diese Installationen von Spezialfirmen vor Ort aufgebaut und während des Events gesteuert. Daher ist ebenfalls in diesem Bereich eine sehr enge Abstimmung mit den Verantwortlichen sowohl in der Vorlaufphase als auch während des eigentlichen Events notwendig.

Künstler, Redner und Entertainment

Dieser Bereich bietet alle Möglichkeiten zur Unterhaltung und Auflockerung des Events (vgl. Kiel und Bäuchl 2014, S. 74). Ob DJ, Orchester, Band, Varieté-Künstler, Theatergruppen oder Personen aus dem Showbiz, Funk und Fernsehen. Wichtig dabei ist, dass die Auswahl und Choreografie zum gesamten Rahmen des Events passen, um die gewünschte Assoziation zwischen Eventzielen und Entertainment zu erzielen. In der Vorlaufphase werden die einzelnen Programmelemente mit den Künstlern oder Künstlergruppen vor Ort im Detailablauf gemäß Regieplan durchgesprochen und gegebenenfalls geprobt. Oftmals arbeiten Eventmanager mit Künstler- und Referentenagenturen oder mit Showproduktionen zusammen.

Sind für den Event Moderatoren, Sprecher oder Referenten vorgesehen, müssen diese vor Ort nochmals mit den akustischen Gegebenheiten vertraut gemacht und der Programmablauf nochmals im Detail abgestimmt werden. Sprechproben helfen der Tontechnik, die Sprechlage der Redner auf die akustischen Gegebenheiten vor Ort abzustimmen und für den perfekten Ton zu sorgen.

Catering

Events sind einmalige Erlebnisse mit allen Sinnen. Dem Geschmackssinn ein unvergessliches Erlebnis zu ermöglichen, gehört dabei zu den Aufgaben des Caterings. Mit der Entwicklung der Eventbranche haben sich auch viele innovative Cateringunternehmen etabliert, deren Angebots- und Geschmackspalette von konventioneller bis avantgardistischer Küche reicht. Ob Buffet, Mehrgangmenüs, Flying Buffet oder molekulare Küche, Eventcatering ist mehr als die reine Versorgung der Eventteilnehmer mit Speisen und Getränken. Im Konzept wird dabei vorerst festgelegt, wie das Catering zum Eventkonzept passt, was passt zur Idee, was passt zum Image, aber auch was passt zum Thema, zu den Gästen und zum Veranstalter (vgl. Schäfer-Mehdi 2012, S. 142)? Diese Fragen sind im Vorfeld abzuklären und bei einem Probeessen zu testen, um gegebenenfalls Änderungen vorzunehmen. Oft erbringen dabei vertraglich an die Eventlocation gebundene Cateringunternehmen diese Leistungen. Der Vorteil ist, dass mit einem mit der Location erfahrenen Gastronomiepartner Zusammenarbeit und die Abstimmungen vor Ort bereits im Vorfeld abgesprochen werden können. Der Nachteil ist sicherlich, dass man den Caterer nicht frei wählen und verschiedene Preis- und Leistungsangebote miteinander vergleichen und auswählen kann. Während der Vorlaufphase gilt es, gemeinsam mit dem verantwortlichen Caterer sowohl die einzelnen Abläufe bezüglich Küche und Service anhand des Regieplans vor Ort abzusprechen als auch die Tisch- und/oder Buffetdekoration, Teller- und Menüarrangements und eventuelle Tischordnung gemeinsam durchzusprechen.

Checklisten

Während der Vorlaufphase sind besonders Checklisten mit Terminen und Aufgaben, Produktions- und Regiepläne mit detaillierten Abläufen, inklusive Zeitplanung und Informationen zu den einzelnen Gewerken von großer Bedeutung. Dabei werden die einzelnen Event- und Programmteile in einer Tabelle erfasst und in der ersten

Spalte durchnummeriert, um bei Proben oder Besprechungen die einzelnen Punkte schneller zu finden. Dabei erweist sich ein DIN A4-Querformat als praktisches Tabellenformat.

Projekt:		Projektnummer:	
Projektmanager:		Datum	

Nr.	er-ledigen bis	wer	Ge-werk	Job	Prio A, B, C	Lie-ferant	OK am	Zah-lung in EUR
1								
2								
3								
4								
5								
6								

Tab. 17: Beispiel für eine mögliche Eventcheckliste

Pos.	von	bis	Dauer	Ort	wer	Aktion	Material
0							
1							
2							
3							
4							

Tab. 18: Beispiel für einen Regieplan

11.4 Aktivphase

Die Aktivphase ist der Eventablauf. Hier startet der Event (*Doors open*) mit dem Eintreffen der Teilnehmer, von der Begrüßung über die gesamte Veranstaltungsführung bis hin zum Schließen des Events, wenn der letzte Gast das Gelände verlässt (vgl. Holzbaur 2010, S. 187). Neben dem Regieplan, der den detaillierten Ablauf der Veranstaltung beschreibt und somit für den Eventmanager zum wichtigsten Utensil wird, einen reibungslosen Ablauf zu garantieren und ggf. Anweisungen zu erteilen, empfiehlt es sich, daneben auch für Künstler, Akteure, Redner und Moderatoren eine Drehbuch zu erstellen, denn es enthält neben Regieanweisungen die wichtigsten inszenatorischen Angaben. Somit lassen sich stichwortgenau die Einsätze von Akteuren oder Medien steuern (siehe Tabelle) (vgl. Schäfer-Mehdi 2012, S. 92).

Location	Zeit	Moderation Regieanweisung
Saal	9.15h	**Auftritt Rainer Beispiel:** „Guten Morgen, meine sehr verehrten Damen und Herren! Ich begrüße Sie recht herzlich zu unserer Auftaktveranstaltung … Ich wünsche Ihnen einen spannenden Tag!"
		Chart 1 (Programmübersicht) „Lassen Sie mich Ihnen eine Übersicht über den heutigen Tag geben … und übergebe nun gerne das Mikrofon an Herrn Dr. Mustermann."
	10.30h	**Auftritt Gastgeber Dr. Mustermann** **Ansteckmikro an** **Beamer aus** **Rednerpult** „Vielen Dank, Herr Beispiel! …"

Tab. 19: Beispiel für ein Drehbuch

✱ Tipp!

Ein wichtiger Bestandteil in der Vorlaufphase sind auch sämtliche Personaleinweisungen vor Ort. Dabei darf **niemals** vergessen werden, die sicherheitsrelevanten Informationen wie Rettungswege, Rettungsnummern, Notausgänge, Feuerlöscher und Erste-Hilfe-Kästen zu erwähnen.

11.5 Nachlaufphase

Nachdem der letzte Gast das Gelände verlassen hat und der Event offiziell geschlossen wurde, beginnt die sogenannte Nachlaufphase. Zunächst gilt es, sich bei allen Beteiligten der verschiedenen Gewerke und bei den Akteuren zu bedanken. Anschließend beginnt der Abbau und Abtransport bzw. Rückführung des Equipments. „Das Ende dieser Phase wird durch die Beendigung sämtlicher Aktivitäten mit einer Verabschiedung vor Ort symbolisiert“ (Holzbaur 2010, S. 188).

11.6 Eventlogistik

Die Durchführung von Events erfordert oftmals einen hohen logistischen Aufwand, der, wie der Event selbst, im Vorfeld detailliert geplant und gemanagt werden muss. Effektive Eventlogistik bedeutet zum einen, das benötigte Personal und die benötigten Materialien zur rechten Zeit am rechten Ort zur Verfügung zu haben. Bei großen Rockkonzerten oder Entertainment-Shows mit mehreren Sattelzügen an Equipment bedeutet dies einen sehr hohen logistischen Aufwand, verbunden mit einem zeitgenauen **Logistikmanagement**. Gerade bei internationalen Konzerttouren müssen die logistischen Wege und Transportmittel (LKW, Zug, Flugzeug oder Schiff) genau geplant und gemanagt werden. Es kann durchaus vorkommen, dass Equipment erst kurz vor dem Aufbaubeginn an der Location eintrifft. Längere Verzögerungen im Vorfeld können daher zu einem kritischen Erfolgsfaktor für den eigentlichen Event werden. Eventlogistik zum anderen bedeutet aber auch, dass während des Events die Materialien und Personen am rechten Ort und zeitgenau zur Verfügung stehen.

Die Eventakteure müssen daher genau über die Zeitabläufe informiert sein, um rechtzeitig am richtigen Platz zum Einsatz zu kommen. Ein gutes Beispiel für perfektes Logistikmanagement während des Events sind die Eröffnungszeremonien der Olympischen Spiele. Logistikmanagement bedeutet für den Eventmanager eine zeitgenaue, detaillierte Planung und Abstimmung vor, während und nach dem Event.

✱ Zusammenfassung

Damit Events erfolgreich inszeniert und durchgeführt werden, müssen viele der geplanten Abläufe in allen Details vor Ort gemanagt werden. In der sogenannten Durchführungsphase, die sich in eine Vorlauf-, Aktiv- und Nachlaufphase unterteilen lässt, werden deshalb anhand der Produktions- und Regiepläne die einzelnen Gewerke und Einsätze der Eventakteure im Detail besprochen und geprobt. Wichtige Gewerke werden in der Vorlaufphase installiert und in ihrer Funktion überprüft. Eventakteure (Musiker, Redner, Moderatoren, Künstler, Service- und Sicherheitspersonal) werden vor Ort nochmals genau gebrieft und instruiert. In der Aktivphase findet dann der eigentliche Event statt. Sobald der Event beendet ist, beginnt die Nachlaufphase, in der das benötigte Equipment abgebaut und zurückgeführt wird. Um während dieser ganzen Zeit einen reibungslosen Ablauf des Events zu garantieren, muss der Eventmanager bzw. das Eventteam sämtliche logistischen Abläufe des Events planen und überwachen. Das gilt nicht nur für die terminierte Anlieferung des benötigten Materials und die rechtzeitige Ankunft der am Event beteiligten Akteure, sondern auch für die logistischen Abläufe während des Events. Wichtig ist dabei, dass alle am Eventprojekt Beteiligten mit den Unterlagen und Informationen, die diese benötigen, um ihre Aufgaben und ihren Job perfekt zu erfüllen, versorgt sind. Dazu zählen auch die sicherheitsrelevanten Informationen und Hinweise wie Rettungswege, Rettungspläne und -nummern, Notausgänge, Feuerlöscher und Erste-Hilfe-Kästen.

12 Risikomanagement von Events

„Nichts geschieht ohne Risiko, aber ohne Risiko geschieht nichts"

Walter Scheel,
ehem. Bundespräsident

✱ Lernziele

Nach der Lektüre dieses Kapitels werden Sie wissen,

- was man unter dem Begriff Risikomanagement versteht.
- wie man Risiken bei Events erkennt und analysiert.
- wie man eine effektive Risikoplanung vornimmt.
- welche rechtlichen Aspekte im Zusammenhang mit Events auftreten können.
- welche Versicherungen bei Events zur Anwendung kommen können.

12.1 Was Sie vorab wissen sollten

Nachdem wir bisher über Konzeption, Planung und Umsetzung von Events gesprochen haben, werden wir im folgenden Teil die Frage nach dem Umgang mit Risiken und den rechtlichen Aspekten, die im Zusammenhang mit Events auftreten können, näher erörtern. Generell lässt sich festhalten, dass Risiken bei jedem unternehmerischen Handeln entstehen, doch bei Events kann das Risiko bisweilen sehr hoch sein, da meist viele Personen betroffen sein können (vgl. Holzbaur 2010, S. 133). Neben den Risiken für die Eventbeteiligten bergen Events ebenfalls relativ hohe finanzielle Risiken. Eventmanager müssen daher Sorge tragen, dass Events ein sicheres Umfeld für alle Beteiligten, ob nun als Gast, Lieferant oder Gastgeber, gewährleisten. Die Sicherheit der Besucher und der Helfer während des Events muss dabei höchste Priorität besitzen. Mithilfe eines aktiven Risikomanagements lassen sich mögliche Fehler und Risiken bereits in der Planung erkennen, ausschalten oder mindern.

12.2 Risiko und Risikomanagement

Bevor wir uns im folgenden Teil mit dem Management etwaiger Risiken beschäftigen, werden wir zunächst den Begriff des Risikos näher erläutern.

Im Duden versteht man unter dem Begriff Risiko „möglicher negativer Ausgang bei einer Unternehmung, mit dem Nachteile, Verlust, Schäden verbunden sind; mit einem Vorhaben, Unternehmen o.Ä. verbundenes Wagnis" (Bibliographisches Institut GmbH 2014).

Grundsätzlich lässt sich aber zunächst sagen, dass Risiko etwas *Ungewisses* oder eine *Unsicherheit* ist und dessen Ausgang positiv oder negativ sein kann. Wenn wir beispielsweise unser Geld an Kapitalmärkten anlegen, gehen wir je nach Anlageart auch immer ein Risiko ein. Der Ausgang dieses *Wagnisses* kann dabei für uns entweder positiv, in Form von Gewinnen, oder negativ, in Form von Geldverlusten aus der Kapitalanlage, sein.

Risiko bedeutet also, ein Vorhaben einzugehen, dessen Ausgang unsicher ist und wir diesen zunächst nicht 100-prozentig einschätzen können.

Unter dem Funktionsbegriff *Management* verstehen wir die Planung, Realisierung, Steuerung und Kontrolle von Ressourcen und Aktivitäten, die zur Erreichung von festgelegten Zielen notwendig sind.

Risikomanagement bedeutet demnach, die gezielte und strukturierte Planung, Erkennung, Durchführung, Steuerung und Kontrolle von Unsicherheiten, die im Zusammenhang mit einem Vorhaben stehen, mit dem Ziel, Verluste zu minimieren und Chancen zu maximieren.

In Bezug auf Events verstehen wir unter Risikomanagement die systematische Erfassung und Bewertung von Risiken sowie die Steuerung von Reaktionen auf festgestellte Risiken, die im Zusammenhang mit der Planung und Durchführung von Events bestehen.

Der Eventmanager als Risikomanager muss dabei alle möglichen *Schwachstellen* eines Events, einschließlich der finanziellen, erkennen und analysieren. Auf Basis der Analyse werden danach Entscheidungen getroffen, die die Auswirkungen möglicher Verluste verringern bzw. eliminieren (vgl. Rutherford Silvers 2011, S. 4). Diesen Prozess bezeichnet man als Risikomanagementprozess:

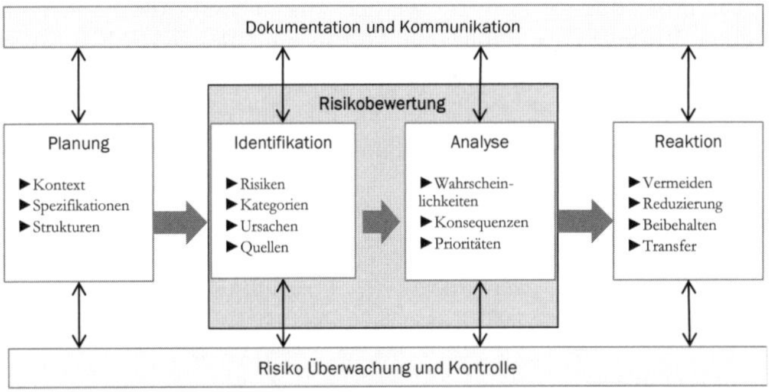

Abb. 30: Risikomanagementprozess

Risikoplanung

Im ersten Schritt geht es darum, erste mögliche Risiken aus dem Gesamtkontext der Veranstaltung zu eruieren. Fragen nach dem Eventumfeld hinsichtlich juristischer, sozialer und ökonomischer Faktoren sowie Fragen bezüglich des Eventdesigns und -ziels spielen dabei ebenso eine Rolle, wie auch die Eventzielgruppe.

Risikoidentifikation

Im zweiten Schritt werden dann anhand des Eventkonzepts und der geplanten Abläufe alle Risiken identifiziert, aufgelistet und in Kategorien eingeteilt. Dies geschieht auf unterschiedliche Art und Weise. Möglichkeiten wären dabei das Brainstorming, Interviews mit Sicherheitsexperten oder den Personen aus den jeweiligen Gewerken. Nachdem alle Risiken aufgelistet wurden, geht es darum, die Ursachen und Quellen der jeweiligen Risiken zu identifizieren.

Risikoanalyse

Nachdem die einzelnen Risiken identifiziert wurden, müssen diese bewertet werden, hinsichtlich der *Eintrittswahrscheinlichkeit* und der *Auswirkungen/Konsequenzen* auf den Event. Dies kann mithilfe einer **Scoringtabelle** erfolgen (siehe Tabelle).

Auf Basis der Risikowerte werden anschließend die Risiken in einer Risikomatrix dargestellt und in eine Prioritätenliste nach Art der Gefährdung aufgelistet. Risiken in den roten Bereichen (hohe Risikowerte) verdienen ein besonderes Augenmerk, da diese Risiken ein hohes Gefährdungspotenzial und Eintrittswahrscheinlichkeit darstellen.

Risiko	Eintritts-wahrschein-lichkeit (E)	Auswirkungen bzw. Konse-quenzen (K)	Risikowert (RW) E · K = RW
Unwetter	4	4	16
Massen-panik	2	5	10
Bomben-drohung	1	5	5
Stromausfall	2	4	8

Tab. 20: Scoringtabelle für eventuelle Risiken

Auswirkung \ Eintrittswahrscheinlichkeit	1	2	3	4	5
	gering		→		hoch
1 unwesentlich	1	2	3	4	5
2	2	4	6	8	10
3	3	6	9	12	15
4	4	8 **Stromausfall**	12	16 **Unwetter**	20
5 sehr hohe	5 **Bombendrohung**	10 **Massenpanik**	15	20	25

Tab. 21: Risikomatrix

Reaktion

Bei Risiken mit hohen Risikowerten müssen Maßnahmen ergriffen werden, die zur Minderung des Risikos beitragen. Dabei muss man unterscheiden, ob Risiken ganz eliminiert werden können, oder ob das Risiko durch Maßnahmen gemindert werden, oder ob man das Risiko transferieren kann (Versicherungen, zum Beispiel Eventhaftplichtversicherung, Betriebshaftpflichtversicherung). Es wird aber auch Risiken geben, die sich nicht ganz vermeiden lassen, die man aber durchaus in ihren Auswirkungen so reduzieren kann, dass man mit den Risiken *leben* kann. Zwar kann bei Open-Air-Konzerten beispielsweise das Unwetterrisiko nicht ausgeschaltet werden, aber es können Informationen von umliegenden Wetterstationen eingeholt und

Präventionsmaßnahmen ergriffen werden, wie im Falle eines Unwetters gehandelt werden muss.

Risikoüberwachung und Dokumentation

Alle Maßnahmen und Planungsschritte müssen im gesamten Risikomanagementprozess sorgfältig kontrolliert und dokumentiert werden. Das Risikomanagement ist eine permanente und dynamische Tätigkeit, weil sich die Risiken während des Eventmanagements durchaus ändern können, wie zum Beispiel Risikoerhöhung, -minderung, -änderung, aber auch Schwankungen sind denkbar, etwa in Bezug auf die Wahrscheinlichkeit oder deren Dringlichkeit. Effektvolles Risikomanagement muss proaktiv und zyklisch gestaltet sein, um die Kommunikation, die Vorhersage und die Vorwärtsplanung innerhalb des gesamten Eventprojekts zu erleichtern. Mögliche Risiken können dabei in den unterschiedlichen Bereichen eines Events auftreten.

Event-aktivitäten	→ gefährliche Aktivitäten und Attraktionen → Lebensmittelsicherheit und Alkoholkonsum → Programm, Darsteller, Teilnehmer
Besucher	→ Besucher Interessenskonflikte → Teilnehmeranzahl und -dichte → Massenverhalten
Kommuni-kation	→ untrainierte und ineffektive Kommunikation → fehlende „Kommandostelle" und Kontrolle → schlechtes Equipment und Signale
Vorschriften	→ Regularien, Verbote → Lizenzrechte, Zulassungen → unerlaubte und nicht genehmigte Aktionen → unzureichende Zusammenarbeit mit Behörden
Notfall-pläne	→ unzureichendes Krisenmanagement und -pläne → fehlende Koordinierung der Reaktion auf Notfälle → mangelhafte Katastrophen- und Notstandspläne
Umwelt	→ atmosphärische Einflüsse → Wettereinflüsse → geologische und biologische Einflüsse → Nähe und Umgebung zu möglichen Gefahren

Eventplanung	→ unerfahrenes oder inkompetentes Management → rücksichtslos gegenüber Rahmenbedingungen → fehlende Versicherungen und Schutzmaßnahmen
Event	→ erstmalig, Einmaligkeit, kontroverse Veranstaltung → mangelnde Zugangskontrollen und Zugang von Anmeldeinformationen → fehlende bzw. unzureichende Bekanntmachung oder Vermarktung
Finanzen	→ mangelndes Budget → unzureichender Versicherungsschutz → falsche Einkaufsprozesse → mangelndes Cash-Management
Personal	→ Personalmangel → untrainierte/unerfahrene Mannschaft → falscher Personaleinsatz
Location	→ falsches Hygiene- und Abfallmanagement → unzureichende Transport- und Parkplatzmöglichkeiten → unerprobte oder vorübergehende Location → ungeeignete Gestaltung, unzureichende Beleuchtung → mangelhafte Infrastruktur und Bühnenbau
Organisation	→ unklare Verantwortungsbereiche → willkürliche Entscheidungen → unzureichendes und falsches Verhalten des Sicherheitspersonal
Zulieferer	→ Spezialisten ohne Erfahrungen → fehlende Verträge, Kontrolle → mangelhafte Qualitätskontrolle → keine Gewährleistungen
Zeit	→ unzureichende Zeitplanung und Zeiteinteilungen → Eventstart- und -schlusszeiten, → Veranstaltungsdauer → An- und Abreisemodalitäten

Tab. 22: Mögliche Risikobereiche und Risiken

12.3 Rechtliche Aspekte und Haftung bei Events

Bei Events entstehen zwischen den Beteiligten unterschiedliche Rechtsbeziehungen. Ob Vertragsrecht, Veranstaltungsrecht, Jugendschutzgesetz, Arbeitszeitverordnungen, Haftpflichtversicherung, Technikversicherung, GEMA, KSV (Künstlersozialversicherung) oder Markenrecht – der Eventmanager und das Eventteam müssen sorgfältig alle relevanten juristischen Aspekte berücksichtigen. Das Ignorieren von Vorschriften ist keine Lösung. Spezialisierte Rechtsanwaltskanzleien beraten und unterstützen Eventmanager mit ihrem Wissen. Daneben bieten Experten von Versicherungsagenturen ihr Know-how an, damit Eventmanager auf einen ausreichenden Versicherungsschutz achten können.

> ✱ Tipp!
>
> Bei der Eventplanung sind unter anderem an die folgenden Versicherungen zu denken:
>
> - Veranstaltungs-/Veranstalterhaftpflichtversicherung
> - Veranstaltungsausfallversicherungen
> - Veranstaltungstechnikversicherung
> - Veranstaltungstechnikerhaftpflicht
>
> Unter Umständen kann auch eine Veranstaltungsrechtsschutzversicherung oder eine Versicherung der Künstler, Gewinnspiele und Preisgelder sinnvoll sein. Zudem ist ein Blick in die Muster-Versammlungsstättenverordnung (MVStättV) bzw. die Versammlungstättenverordnung der jeweiligen Bundesländer sinnvoll. Hier erfährt man alles Wissenswerte zu Bau- und Betriebsvorschriften von Versammlungsstätten, deren technischen Anforderungen und Einrichtungen (wie z.B. Rettungswege, Brandschutz, Bestuhlungspläne etc.).

✱ Zusammenfassung

Bei der Planung und Durchführung von Events müssen stets auch Risiken berücksichtigt werden, die eventuell eintreten können und einen Einfluss auf den Event bzw. die einzelnen Programmpunkte haben. Eventmanager müssen daher Sorge tragen, dass Events ein sicheres Umfeld für alle Beteiligten, ob nun als Gast, Lieferant oder Gastgeber, gewährleisten. Die Sicherheit der Besucher und auch Helfer während des Events muss dabei höchste Priorität besitzen. Mithilfe eines aktiven Risikomanagements lassen sich mögliche Fehler und Risiken bereits in der Planung erkennen, ausschalten und mindern. Mithilfe des Risikomanagementprozesses lassen sich die unterschiedlichen Risiken identifizieren und analysieren, um anschließend Maßnahmen zu entwickeln, die Risiken zu eliminieren, zu reduzieren oder das Risiko auf Dritte (Versicherungen) zu transferieren.

13 Eventevaluierung

„Der Schlüssel zum Erfolg sind nicht Informationen.
Das sind Menschen.“
Lee Iacocca,
ehem. US-amerikanischer Manager
der Automobilindustrie

In diesem Teil wollen wir uns näher mit der Eventevaluierung auseinandersetzen. „Jeder will sie. Viele sprechen davon und einige denken ernsthaft darüber nach“ (Schäfer-Mehdi 2012, S. 116).

✱ Lernziele

Nach der Lektüre dieses Kapitels werden Sie wissen,

- warum eine Evaluierung von Events wichtig ist.
- welche Methoden zur Evaluierung genutzt werden können.
- welche Inhalte mit der Eventevaluierung verbunden sind.
- zu welchem Zeitpunkt eine Evaluierung durchgeführt werden soll.

Es geht um die Frage der Erfolgskontrolle und Eventevaluierung. Erinnern sich die Teilnehmer noch nachhaltig an den Event und die damit verbundenen Botschaften, wurden die vorab festgelegten Ziele erreicht (vgl. Kiel und Bäuchl 2014, S. 116).

13.1 Evaluierungsmethoden von Events

Bevor wir über die unterschiedlichen Methoden der Evaluierung sprechen, müssen wir zunächst festlegen, was man unter dem Begriff Evaluierung versteht. Unter Evaluierung des Events verstehen wir im Folgenden die Erfassung, Dokumentation und Auswertung aller eventbezogenen Informationen.

Um die geeigneten Evaluierungsmethode zu finden, müssen die folgenden Fragen beantwortet und Entscheidungen getroffen werden.

Was messen?	Wer misst?	Wann wird gemessen?	Wie wird gemessen?	Wie wird ausgewertet?
quantitative Ziele qualitative Ziele	intern extern	direkt nach Event nachhaltige Messung	live telefonisch Fragebogen online	statische Auswertung Interpretation der Ergebnisse

Tab. 23: Schritte zur Entwicklung der Evaluierungsmethode

Bei den Evaluierungsmethoden können wir zunächst zwischen quantitativen und qualitativen Evaluierungsmethoden unterscheiden:

- Zu den **quantitativen Methoden** zählen Befragungen und Fragebögen auf digitaler Basis oder in Papierform, aber auch die Medienresonanzanalyse (vgl. Kiel und Bäuchl 2014, S. 118).
- Zu den **qualitativen Methoden** zählen Interviews, Beobachtungen und Gruppendiskussionen.

Bevor die eigentliche Evaluierungsmethode gewählt wird, müssen sich die Eventverantwortlichen über die zu messenden Ziele verständigen.

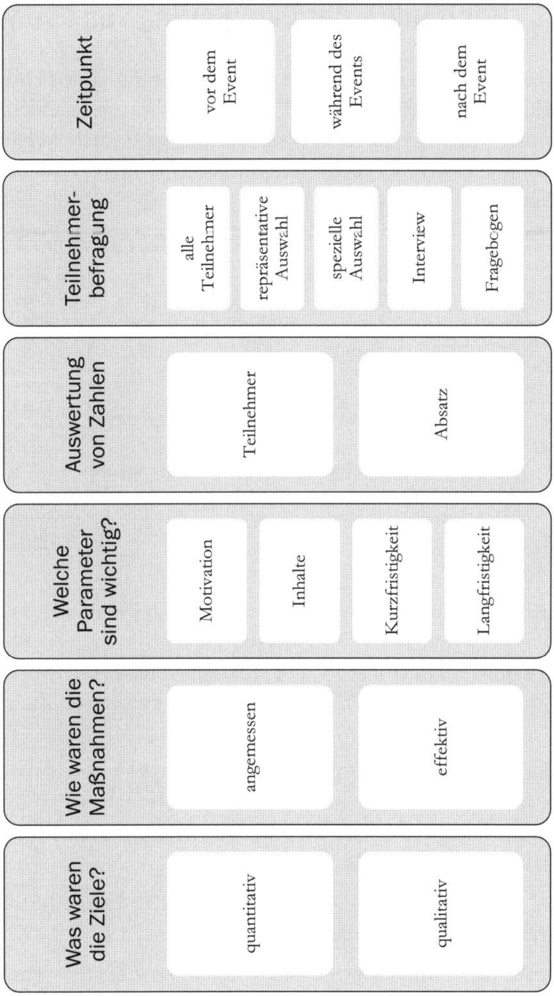

Abb. 31: Mögliche Eventevaluierung

13.2 Zeitpunkte der Evaluierung von Events

Die Frage nach dem Zeitpunkt der Evaluierung lässt sich nicht pauschal beantworten. Je nach Event gibt es unterschiedliche Zeitpunkte der Eventevaluierung. Häufig wird auch bereits zu Beginn der ersten Eventprojektphasen eine erste Evaluierung durchgeführt.

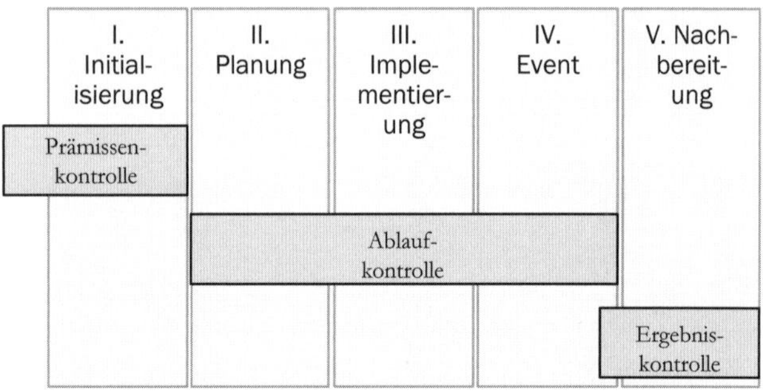

Abb. 32: Evaluierung vor, während und nach dem Event

Die Prämissenkontrolle in der Planungsphase überprüft die Ziele und den Zweck des Events, das Eventthema, Zielgrup penerreichung und Alternativen zum Event.

Bei der Ablaufkontrolle in der Realisierungsphase werden Soll-/ Ist-Zustände überprüft, um eventuelle Schwachstellen in der Eventprojektion rechtzeitig zu erkennen und um gegenzusteuern (vgl. Kiel und Bäuchl 2014, S. 117).

In der Ergebniskontrolle wird der eigentliche Event bezüglich der erreichten Ziele evaluiert.

Bezüglich der Ergebniskontrolle können verschiedene Parameter eines Events analysiert bzw. berechnet werden.

[1] **Return on Investment:** Beim Return on Investment (RoI) wird der Ertrag in Relation zu den eingesetzten Mitteln (Organisationsperspektive) gesetzt.

[2] **Return on Communication:** Der Return on Communication (RoC) ist eine „Summe" jenseits des klassischen Controlling, da die *weichen* Fakten, die die Wirklichkeit eines Events bestimmen, sich nicht eins zu eins in die Welt der *harten* Fakten übersetzen lassen.

[3] **Finanzieller Result:** Die finanzielle Erfassung und Bewertung einer Live-Kommunikationsmaßnahme ist selbstverständlich Teil der Evaluation. Effektivität und Effizienz – Werte, die auch die Ökonomie des Events bezeichnen – sind die Grundpfeiler der auswertenden Erfassung des Return on Communication. Hierbei werden die Kosten in Relation zum Nutzen gesetzt; dies nicht nur in der materiellen Ökonomie, sondern auch im Bereich der individuellen wie interpersonellen Human Ressources (was hat es mich gekostet?).

✱ Zusammenfassung

Um eine Kosten-Nutzen-Relation für Events erstellen zu können, ist es wichtig, eine Evaluierung und Erfolgskontrolle von Events durchzuführen. Bezüglich der Methodik unterscheiden wir zwischen quantitativen und qualitativen Methoden. Neben diesen Kriterien können noch weitere Merkmale zur Erfolgskontrolle eingesetzt werden. Neben der Auswahl der geeigneten Evaluierungsmethode muss entschieden werden, zu welchem Zeitpunkt eine Evaluierung stattfindet. Man unterscheidet daher zwischen der Prämissenkontrolle in der Planungsphase, der Ablaufkontrolle in der Realisierungsphase und der Ergebniskontrolle in der Nachwirkungsphase.

14 Events im internationalen Kontext

✱ Lernziele

Nach der Lektüre dieses Kapitels werden Sie wissen,

- wie man einen internationalen Ansatz für Events entwickelt.
- welche Bedeutung Events im internationalen Kontext haben.
- welche Charakteristika internationale Events haben.
- wie Eventorganisatoren einen strategischen Ansatz aufgrund globaler Veränderungen für Events entwickeln können.
- welchen Einfluss unterschiedliche Kulturen und Kunden auf die Arbeit der Eventorganisationen haben.

14.1 Was Sie vorab wissen sollten

Wie wir bereits mehrfach gesehen haben, spielen Events eine zentrale Rolle in unserem gesellschaftlichen Leben. Gerade internationale Megaevents wie die Olympischen Spiele oder die FIFA-Fußballweltmeisterschaft ziehen Milliarden von Menschen in ihren Bann und werden vor Ort oder per TV-Übertragung verfolgt. Allein die Olympischen Sommerspiele 2008 in Beijing wurden von über 4,5 Milliarden Zuschauern am Fernsehbildschirm live verfolgt. Aber nicht nur diese internationalen Megaevents, sondern auch international bekannte Events wie zum Beispiel das Münchner Oktoberfest, das Holi-Fest in Indien, der Eurovision Song Contest, der Karneval in Rio, Venedig oder in Deutschland zeigen, welche Bedeutung Events über die eigenen Regionen oder Landesgrenzen hinaus mittlerweile haben. Im folgenden Teil werden wir daher zunächst die Einflüsse einer zunehmenden Globalisierung betrachten und die interkulturellen Aspekte von Events näher erläutern.

14.2 Interkulturelle Aspekte der Eventorganisation

Die Motive, warum Events durchgeführt werden, sind vielfältig und oftmals mehrdimensional, genauso wie die Frage, „Wie?" bzw. „Auf welche Art und Weise?" diese konzipiert, geplant und durchgeführt werden. Dabei spielen häufig viele Gründe eine Rolle. Manchmal liegen diese in den Ursprüngen der Events selbst oder in ihrem soziokulturellen Hintergrund. Aber auch die politischen, gesamtwirtschaftlichen und technologischen Entwicklungen prägen Events. In zunehmendem Maße haben auch globale Entwicklungen Einfluss auf die Art und Weise, wie Events geplant und durchgeführt werden. Dazu gehören zum Beispiel auch demografische Entwicklungen in den Gesellschaften der jeweiligen Länder, die eine Rolle spielen (Stichwort: Migration), aber auch globale Veränderungen, wie zum Beispiel die des Klimas. So werden zunehmend Events auch bezüglich ihrer Klimaverträglichkeit bzw. Klimaneutralität beurteilt und man versucht, internationale Standards für die Durchführung solcher Events zu bestimmen (vgl. ISO 20121 Team (o. J.)). Viele Großstädte planen und veranstalten sogenannte Festivals der Kulturen, aber auch bestimmte Gruppierungen veranstalten weltweit Events, um mit diesen bestimmte Kommunikationsziele zu erreichen (zum Beispiel Weltkirchentag bzw. Weltjugendtag, Christopher Street Day). Neben internationalen Konzerttourneen bekannter Künstler finden weltweit immer mehr solcher Events Beachtung, die ursprünglich nur in ihren Heimatländern bekannt waren. Diese nationalen Events werden mittlerweile aufgrund ihrer Bekanntheit „exportiert", erlangen weltweit Beachtung und werden in anderen Ländern erfolgreich vermarktet und durchgeführt (zum Beispiel das Münchner Oktoberfest oder das Holi-Fest in Indien). Daneben haben sich Events im Laufe der Jahre als erfolgreiches Kommunikationsinstrument im Marketingmix von Organisationen etabliert. Je internationaler und globaler diese Organisationen auf den Weltmärkten agieren, umso internationaler werden auch die Events solcher Unternehmen. Längst haben diese Unternehmen erkannt, dass auch auf internationaler Ebene die Mitarbeiter in den einzelnen Ländern und Regionen durch beispielsweise internationale Meetings und Events miteinander in persönlichen Kontakt treten können, um so den gemeinsamen *Unternehmensspirit* (die sogenannte Corporate Culture) zu leben und sich gemeinsam mit dem Unternehmen zu identifizieren. Daneben versuchen viele Städte, durch internationale Kongresse und Konferenzen sich als Weltstädte im Wettbewerb der Destinationen zu profilieren, um so die Gunst der Geschäftsreisenden bzw. Kongressorganisatoren zu erlangen.

14.3 Eventtourismus

Seit einigen Jahren nutzen Städte im Bereich des Städtetourismus verstärkt besondere Veranstaltungen (auch solche, die schon eine längere Tradition aufweisen), um den Konkurrenzkampf der Städte untereinander für sich zu gewinnen. Für diese Art Inszenierung von *Special-Events* im Tourismus hat sich in den letzten Jahren ein eigener Begriff herausgebildet, man spricht hier vom sogenannten *Eventtourismus* (vgl. Getz 2008, S. 405f).

Dabei geht es nicht nur um die Ausrichtung der Megaevents im Sportbereich (Olympische Spiele, Weltmeisterschaften etc.), sondern generell um die Schaffung von Erlebnissen durch Events als Mittel zur Steigerung der Attraktivität von Städten und eine dadurch erhöhte Bekanntheit als Freizeit- und Tourismusstandort. Dabei ist auch die politische Unterstützung auf kommunaler, Landes- oder Bundesebene durchaus gewollt und wird aktiv gewährt (vgl. Bowdin et al. 2011, S. 120).

14.4 Internationalisierung von Events

Die Internationalisierung von Events ist natürlich eng mit der Entwicklung des Reisens und des Tourismus verbunden. Bereits in der griechischen Antike reisten die Menschen aus allen Regionen nach Olympia, um dort entweder als Athlet oder als Zuschauer an den Olympischen Spielen teilzunehmen. Die Autoren Weaver und Lawton bezeichnen diese Ereignisse als Beginn des **Sporttourismus** (vgl. Weaver/Lawton 2006, S. 61). Im Mittelalter waren es vor allem Krönungszeremonien und kirchliche Feste, die die Menschen anzogen und sie zum Reisen bewegten. Dabei muss man sich vorstellen, dass aufgrund einer fehlenden touristischen Infrastruktur das Reisen zu solchen Events sehr schwierig und kostspielig war, oftmals Wochen dauerte und bisweilen auch ein gefährliches Unterfangen war (vgl. Ferdinand/Wesner 2012, S. 25). Zudem war das Angebot solcher Events mitunter sehr gering und nur einer wohlhabenden Schicht vorbehalten. Neben diesen kulturellen Events waren es aber auch die Reisen der Händler und Kaufleute zu den wichtigen Handelszentren der damaligen Zeit. In Deutschland waren dies die Städte Frankfurt am Main, Köln und Leipzig, die dadurch als Messestädte Bedeutung erlangten. In Europa waren beispielsweise die Städte Brügge, Lyon, Lille, Troyes und Genf bereits seit dem Mittelalter als Messeplätze bekannt.

Im Zeitalter der Renaissance entwickelte sich dann die sogenannte **Grand Tour**, eine obligatorische Reise für junge Männer des europäischen Adels durch Mitteleuropa, Italien, Spanien und auch ins Heilige Land. Diese – als Bildungsreise bezeichnete – *Fahrt* unternahmen zunächst nur die Söhne aus dem europäischen Adel, später auch die des gehobenen Bürgertums. Die Grand Tour stellte eine Art Abschluss in der Erziehung dar und sollte der Bildung des Reisenden somit den letzten Schliff geben. Reisende besuchten insbesondere bedeutende europäische Kunststädte und besichtigten dort Baudenkmäler aus Antike, Mittelalter und Renaissance, sprachen aber auch an europäischen Fürstenhöfen vor. Oft besuchten sie dabei auch höfische

Feste, kulturelle Veranstaltungen oder aber auch religiöse Feste. Daher waren Reisen um die Weihnachts-, Oster- oder Karnevalszeit besonders beliebt (vgl. Ferdinand/Wesner 2012, S. 25).

Mit Beginn der Industrialisierung im 18. Jahrhundert wurden **Messen** als Schauplatz für neue Produkte und Muster immer wichtiger für Handel- und Industriekaufleute. Die erste Weltausstellung im Jahre 1851 in London und die Internationale Ausstellung 1855 in Paris können als erste internationale *Megaevents* der damaligen Zeit bezeichnet werden. Dies bedurfte allerdings auch einer touristischen Infrastruktur, um solche Reisen und den Besuch solcher Events überhaupt erst zu ermöglichen. Im Jahre 1896 folgte dann mit den ersten Olympischen Spielen der Neuzeit in Athen die erste internationale Sportgroßveranstaltung.

Ausschlaggebend für eine erfolgreiche Organisation und Durchführung solcher internationalen Events waren dabei verschiedene externe Faktoren. Wie bereits erwähnt, muss eine Infrastruktur gegeben sein, die ein Reisen zu solchen Events erst ermöglicht und somit internationales Publikum zu solchen Events bringt. Des Weiteren müssen die Besucher solcher Events auch finanziell und zeitlich in der Lage sein, solche Events besuchen zu können. Daneben beeinflussten auch die nationalen und internationalen politischen Gegebenheiten die Ausrichtung solcher Events. So waren gerade auch die internationalen Messen und Weltausstellungen ein Zeichen von Macht und Größe für die ausrichtenden und teilnehmenden Länder.

Internationale Events, so zeigen zum einen die historischen Gegebenheiten, aber zum anderen auch die aktuellen Konstellationen, sind durch die Interdependenzen zwischen Globalisierung und Lokalisierung beeinflusst. Nicht nur Unternehmen agieren heute in internationalen bzw. globalen Wirtschaftsräumen, auch der Tourismus findet heute im globalen Kontext statt, sodass auch der sogenannte Eventtourismus – und so auch Events – im internationalen bzw. globalen Kontext stattfindet. Diese Events werden wiederum von lokalen Organisationen in einem bestimmten kulturellen Umfeld entwickelt, geplant und durchgeführt. Das Marketing und die Vermarktung dieser Events erfolgt dann via Internet wieder in einem globalen Kontext. Zusätzlich ermöglicht das Internet den Eventbesuchern aus aller Welt, sich über die weltweit stattfindenden Events zu informieren und die Reisemöglichkeiten zu den Events ebenfalls via Internet abzufragen. Und schließlich machen kostengünstige Reiseverbindungen die Teilnahme an solchen Events erst möglich.

Neben den globalen Einflüssen existieren aber noch weitere *Umweltgrößen*, die als Faktoren internationale Events beeinflussen. Diese lassen sich mithilfe der STEP- oder PEST-Analyse beschreiben (STEP steht als Akronym für Social-cultural, Technology, Economics, Politics).

14.5 STEP-Analyse: Einflussgrößen internationaler Events

Soziokulturelle Faktoren

Die demografische Entwicklung der Bevölkerung, aber auch die Werte der Gesellschaft, der Lebensstil, die Einkommensverteilung und das Bildungsniveau in der Gesellschaft bzw. innerhalb der Bevölkerung sowie das Thema *Sicherheit* beeinflussen die Planung und Umsetzung von Events. Kulturelle Vielfalt kann zudem Einfluss auf die Vielfalt im Bereich des Eventcaterings und des Eventprogramms haben.

Technologische Faktoren

Forschung und Entwicklung neuer Produkte und Prozesse sowie kürzere Produktlebenszyklen haben Einfluss auf Events. Unternehmen nutzen Events als Kommunikationsinstrument, um neue Produkte oder Services zu präsentieren, oder aber auch, um Trainings für neue Produkte anzubieten. Außerdem kommen aufgrund neuer Produktentwicklungen neue Technologien bei Events selbst zum Einsatz. Man denke dabei an die neuen Technologien im Bereich der Video-, Audio- und Special-Effects-Technik.

Ökonomische Faktoren

Zum Bereich der ökonomischen Faktoren zählen das Wirtschaftswachstum und die Konjunkturzyklen, die Entwicklung der Wechselkurse, die Besteuerung, aber auch die Verfügbarkeit von Ressourcen sowie die Arbeitslosigkeit. Gerade bei der Ausrichtung von internationalen Groß- bzw. Megaevents spielen diese wirtschaftlichen Faktoren eine besonders wichtige Rolle. Es stellt sich die Frage, inwieweit die Länder, die sich im Bieterprozess um die Ausrichtung solcher Events bewerben, überhaupt in der Lage sind, diese wirtschaftlich zu finanzieren und durchzuführen.

Politische Faktoren

Auch politische Faktoren haben einen Einfluss auf die Organisation und Durchführung von Events. Gerade im Rahmen internationaler Events findet auf verschiedenen politischen Ebenen immer wieder ein Austausch statt. Hinzu kommen aber auch die Bereiche der Gesetzgebung sowie steuer- und wettbewerbsrechtliche Richtlinien, die Einfluss auf Events haben. So müssen sich Eventmanager jeweils mit den im Land spezifischen Steuern und gesetzlichen Regelungen (Jugendschutz, Tabak- und Alkoholkonsum) vertraut machen und diese beachten. Daneben gilt es, alle relevanten arbeitsrechtlichen Regelungen und Sicherheitsvorgaben zu beachten.

14.6 Events als Wissensvermittlung und -austausch im internationalen Kontext

Die sogenannten Bildungs- oder MICE-Events bilden eine wichtige Säule im gesamten Eventmarkt. Dabei spielt der Austausch von Informationen und Wissen bei diesen Events die entscheidende Rolle. Im internationalen Zusammenhang konkurrieren dabei über 200 Länder mit ihren Kongress- und Konferenzzentren in diesem Markt miteinander. In Deutschland wurden allein im Jahre 2013 über 3 Millionen Tagungen, Kongresse und Events mit über 371 Millionen Teilnehmern durchgeführt (vgl. EITW 2014, S. 2). Der MICE-Markt bildet dabei einen wichtigen Faktor im Geschäftsreisetourismus. Eine Langzeitauswertung des „Meeting- & Event-Barometers" lässt dabei eine steigende Internationalisierung des Veranstaltungsmarktes in Deutschland erkennen. So stiegen die Zahlen der ausländischen Teilnehmer an MICE-Events in Deutschland in den letzten sieben Jahren von 14,3 auf 23,4 Millionen. Die Studie ergab weiterhin, dass sich dieser Trend der Internationalisierung in den kommenden Jahren weiter verstärken wird (vgl. EITW 2014, S. 2). Dabei belegte Deutschland 2013 mit 722 internationalen Verbandstagungen Platz 1 in Europa und Platz 2 im internationalen Vergleich.

Wie wichtig auf Veranstalter- bzw. Eventanbieterseite dieser Markt ist, wird deutlich in der Tatsache, dass die Organisatoren über immer höhere Budgets verfügen. Hatten laut Studie 2007 noch knapp ein Viertel (23 Prozent) aller Veranstaltungsplaner mehr als 500.000 Euro zur Verfügung, „geben 2013 bereits 45 Prozent aller Organisatoren an, mehr als eine halbe Million Euro für ihre Tagungen, Kongresse und Events ausgeben zu können" (EITW 2014, S. 2).

Auch in Zukunft werden MICE-Events weiterhin eine große Bedeutung haben und der Markt muss sich neuen Herausforderungen stellen. Diese Herausforderungen sind dabei die Globalisierung der Märkte, der sich vollziehende gesellschaftliche Wandel sowie die technisch-wissenschaftlichen Veränderungen und das Thema Nachhaltigkeit. Dadurch, dass diese Events, wie bereits beschrieben, den Informations- und Erfahrungsaustausch und somit auch einen Wissenstransfer ermöglichen, tragen sie in besonderem Maße zur Förderung von Innovationen bei. Tagungen, Kongresse und Konferenzen werden dadurch zum Impulsgeber für politische, wirtschaftliche, wissenschaftliche und soziale Prozesse. Diese Prozesse finden dabei nicht nur auf nationaler, sondern auf internationaler bzw. globaler Ebene statt; es entsteht somit ein Wissensaustausch, der letztendlich auch zur Völkerverständigung beiträgt.

✱ Zusammenfassung

Events besitzen über die eigenen Landesgrenzen hinaus eine große Bedeutung und haben Einfluss auf das gesellschaftliche Leben. Wie wir gesehen haben, hat aber auch die zunehmende Globalisierung durchaus Einfluss auf Events selbst. Demografische Entwicklungen in den Gesellschaften der jeweiligen Länder, aber auch Themen wie Klimaverträglichkeit bzw. Klimaneutralität und das Setzen internationaler Standards für die Durchführung von Events gehören dazu. Die Internationalisierung von Events wäre durch die Entwicklung des Reisens und des Tourismus nicht möglich gewesen. Die Geschichte zeigt dabei, dass Events umso internationaler und bekannter werden konnten, je besser die Reiseinfrastruktur sich über die Jahrhunderte entwickelte. Heutzutage agieren Unternehmen und Organisationen in internationalen bzw. globalen Märkten, das heißt, dass auch Events international bzw. global geprägt sind. Mithilfe der STEP- bzw. PEST-Analyse haben wir aufgezeigt, welche sozialen, technologischen, ökonomischen und politischen Faktoren Events in einem internationalen Kontext prägen bzw. beeinflussen. Besonders im Bereich der MICE-Events bzw. Bildungsevents haben wir gesehen, welche entscheidende Rolle Tagungen, Konferenzen, Kongresse und sonstige Bildungsevents im internationalen Wissens- und Informationsaustausch spielen.

15 Corporate Social Responsibility in der Eventindustrie

✱ Lernziele

Nach der Lektüre dieses Kapitels werden Sie

- wissen, was unter dem Begriff der Verantwortung zu verstehen ist.
- die unterschiedlichen Dimensionen der Verantwortung kennen.
- wissen, was man unter dem Begriff Corporate Social Responsibility (CSR) versteht.
- die Rolle der ISO 26000 im Zusammenhang mit CSR kennen.
- die Bedeutung der CSR-Prinzipien in der Eventindustrie kennen.
- wissen, was faires Handeln in der Eventindustrie beinhaltet.

15.1 Was Sie vorab wissen sollten

Die Diskussion über gesellschaftliche Verantwortung bei Events ist aktueller denn je. Gerade die Megaevents wie die Fußballweltmeisterschaft oder die Olympischen Spiele sorgen in den Medien fast täglich für neue Schlagzeilen. Ob es um die Einhaltung von Menschenrechten geht, um faire Arbeitsbedingungen, um Korruption oder das ethisch korrekte Verhalten bei der Vergabe solcher Events – Megaevents stehen im Fokus des öffentlichen Interesses, und nicht nur die perfekte Performance und Qualität bestimmen letztendlich über den Erfolg dieser Events. Der Ruf nach ethischem und verantwortlichem Handeln wird lauter und der Druck über die verschiedenen Medien

(Print, TV, Radio, Social Media) verstärkt sich. Die Öffentlichkeit schaut zunehmend auf das verantwortungsbewusste Handeln der Eventverantwortlichen und aller im Zusammenhang mit dem Event betroffenen Stakeholder und erhöht den Druck auf die Organisatoren.

15.2 Begriff der Corporate Social Responsibility

Begriff der Verantwortung

Wie wir bereits in der Einleitung erfahren haben, gehört die Forderung, Verantwortung zu tragen und zu übernehmen, mittlerweile zum öffentlichen Diskurs. Bevor wir uns jedoch im Detail mit dem Begriff Corporate Social Responsibility beschäftigen, werden wir uns zunächst mit dem Begriff der Verantwortung auseinandersetzen. Im Duden findet man dazu folgenden Hinweis:

Demnach bedeutet Verantwortung,

- „mit einer bestimmten Aufgabe, einer bestimmten Stellung verbundene Verpflichtung, dafür zu sorgen, dass (innerhalb eines bestimmten Rahmens) alles einen möglichst guten Verlauf nimmt, das jeweils Notwendige und Richtige getan wird und möglichst kein Schaden entsteht;
- Verpflichtung, für etwas Geschehenes einzustehen und sich zu verantworten“ (Bibliographisches Institut GmbH 2014c).

Im Online-Wirtschaftslexikon findet sich ergänzend dazu der Hinweis, dass „mit Verantwortung der Umstand bezeichnet wird, dass jemand gegenüber einer Instanz für sein Handeln Rechenschaft abzulegen hat. Der Begriff Verantwortung entstammt ursprünglich dem Rechtsbereich und wurde dann im christlichen Sprachgebrauch auch als Rechenschaftspflicht des Menschen gegenüber Gott oder dem eigenen Gewissen ausgelegt“ (Bartscher (o. J.)).

In dieser Definition wird der Begriff Instanz verwendet, vor der jemand Rechenschaft abzulegen hat. Im Wort Verantwortung befindet sich das Wort *Antwort*. Ursprünglich bezog sich der Begriff in der Rechtsprechung darauf, dass ein Individuum vor dem Richter Rede und Antwort stand (vgl. Stahl 2000, S. 226). Zusammenfassend werden also Entscheidungen und Handlungen vorausgesetzt, die Geschehnisse und Ergebnisse bewirken, für die jemand vor einer Instanz Verantwortung übernehmen muss.

Der Verantwortungsbegriff kann also in drei Dimensionen (Subjekt, Objekt, Instanz) unterteilt werden (vgl. Stahl 2000, S. 226):

Dimensionen der Verantwortung

[1] **Subjekt:** Subjekte der Verantwortung können einzelne Personen, Individuen (zum Beispiel Projektmanager, Mitarbeiter, Lieferant, Kunde) sein, aber auch Gruppen von Personen (zum Beispiel Projektteam) oder Organisationen (Verband, Unternehmen, Gewerkschaft, Bürgergruppe). Im Falle von Gruppen und Organisationen findet man häufig auch dazu den Begriff der kollektiven Verantwortung (vgl. Stahl 2000, S. 228; Balderjahn 2013, S. 44).

[2] **Objekt:** Das Objekt der Verantwortung sind die Entscheidungen und Handlungen, die die Verantwortungsträger treffen. Ebenfalls zum Objekt zählen darüber hinaus auch die Folgen und Konsequenzen, die durch die Handlungen und Entscheidungen entstehen (vgl. Stahl 2000, S. 226; Balderjahn 2013, S. 45).

[3] **Instanzen:** Die Instanzen schließlich sind die Adressaten, vor denen der Verantwortungsträger Rechenschaft für sein Handeln abzulegen hat, also der-, die- oder dasjenige, vor dem er Antwort zu geben hat. Dazu zählen beispielsweise Gerichte, Gesetze, Öffentlichkeit, Freunde, Familie, Kunden, Lieferanten, Institutionen, Gewissen, soziale Normen und Werte (vgl. Stahl 2000, S. 226; Balderjahn 2013, S. 45).

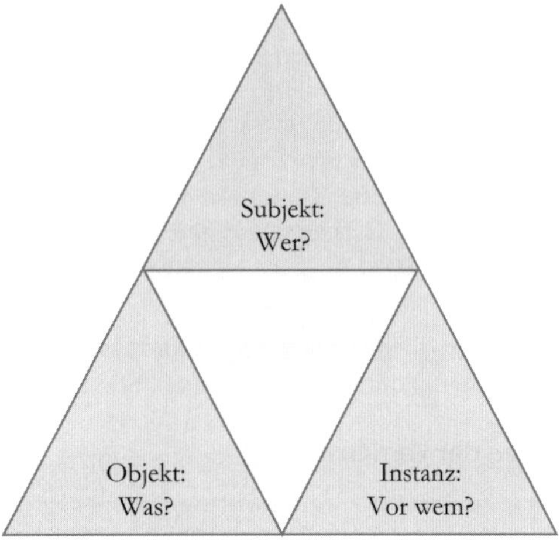

Abb. 33: Die Dimensionen der Verantwortung
Quelle: in Anlehnung an Balderjahn, S. 44

Die Verantwortung selbst kann dabei in eine rechtliche und moralische Art der Verantwortung unterteilt werden.

Das Verständnis von Verantwortung kann sich aber nur auf die Handlungen und Entscheidungen beziehen, die durch freies Handeln und Entscheiden getroffen wurden, das heißt, für unter Zwang getroffene Entscheidungen und Handlungen können die Verantwortungsträger nicht zur Verantwortung gezogen werden (vgl. Balderjahn 2013, S. 43; Stahl 2000, S. 227).

Aufgrund moderner komplexer gesellschaftlicher Strukturen ist es allerdings heutzutage oft nicht mehr möglich, einzelnen Personen vollständig die Verantwortung für Handlungen und Entscheidungen zuzuschreiben. Deshalb spricht man heute auch von der sogenannten kollektiven Verantwortung, das heißt, dass mehrere Personen für das Ergebnis ihrer Handlung verantwortlich sind (vgl. Stahl 2000, S. 228).

Für Events bedeutet das, dass die verantwortlichen Personen und/oder Organisationen sich für ihre Handlungen und Entscheidungen bezüglich des Events vor Instanzen und Personen sowohl rechtlich als auch moralisch, als Einzelne oder als Kollektiv zu verantworten haben.

15.3 Corporate Social Responsibility (CSR)

Der Begriff Corporate Social Responsibility wird in Deutschland als „verantwortliche Unternehmensführung" oder „gesellschaftliche Verantwortung von Unternehmen" übersetzt und umfasst „die soziale, ökologische und ökonomische Verantwortung von Unternehmen in allen Bereichen der Unternehmenstätigkeit: von der eigentlichen Wertschöpfung bis hin zu den Austauschbeziehungen mit Mitarbeiterinnen und Mitarbeitern, Zulieferern, Kunden und dem Gemeinwesen" (Bundesministerium für Arbeit und Soziales 2014, S. 5).

Demgegenüber steht eine sehr knappe Definition der EU-Kommission, die CSR als „the responsibility of enterprises for their impacts on society" (European Commission 2011, S. 6) definiert. Ergänzt wird diese Definition um eine Erweiterung: Um dabei ihrer Verantwortung in vollem Umfang nachzukommen, sollten Unternehmen soziale, ökologische und ethische Belange sowie Menschenrechte und Belange der Konsumenten sowohl in ihrer operativen als auch strategischen Unternehmenstätigkeit und in ihrer Zusammenarbeit mit Stakeholdern mit dem Ziel integrieren,

- die Schaffung von gemeinsamen Werten für Eigentümer/Aktionäre sowie für die weiteren Stakeholder und die gesamte Gesellschaft zu maximieren und
- möglichen negativen Auswirkungen durch Identifikation, Prävention und Minderung entgegenzuwirken (vgl. European Commission 2011, S. 6).

Analysiert man die Literatur zum CSR-Begriff, erkennt man, dass es eine große Anzahl von mehr oder weniger unterschiedlichen Definitionen davon gibt, was unter CSR zu verstehen ist. Einigkeit herrscht aber darüber, dass die Wahrnehmung gesellschaftlicher Verantwortung für Unternehmen eine anspruchsvolle Aufgabe ist, deren Komplexität stets an den jeweiligen Unternehmenskontext angepasst werden muss. Vor diesem Hintergrund hat sich im Laufe der Jahre ein breites und ausdifferenziertes Spektrum an **freiwilligen CSR-Standards** herausgebildet, die Unternehmen bei der Wahrnehmung gesellschaftlicher Verantwortung Hilfestellung geben sollen. So wurden CSR-Standards teilweise staatlich initiiert, teilweise sind sie durch zivilgesellschaftliches oder unternehmerisches Engagement entstanden. Die Instrumente unterscheiden sich nicht nur in Bezug auf ihren thematischen Fokus (zum Beispiel Umwelt, Arbeitsbedingungen, Menschenrechte, aber auch ganzheitliche Ansätze), sondern auch hinsichtlich ihres Charakters (zum Beispiel Managementnormen, Prinzipien, Leitfäden).

Aus der Notwendigkeit heraus, hier einen anerkannten themen- und branchenübergreifenden Standard mit Leitfadencharakter zu entwickeln, veröffentlichte die Internationale Organisation für Normung (International Organization for Standardization, kurz ISO) im November 2010 die **ISO 26000** (vgl. Bundesministerium für Umwelt, Naturschutz und Reaktorsicherheit 2014, S. 6).

Die ISO 26000 baut inhaltlich auf zahlreichen etablierten Standards auf und definiert, was gesellschaftlich verantwortliches Handeln ausmacht. Der Standard formuliert sieben Grundsätze und zahlreiche Handlungsempfehlungen zu Kernthemen der gesellschaftlichen Verantwortung, ist aber nicht zertifizierbar (Bundesministerium für Arbeit und Soziales 2011, S. 6).

In der ISO 26000 bilden sieben Kernthemen die Hauptbereiche gesellschaftlicher Verantwortung ab. Um das Ausmaß ihrer gesellschaftlichen Verantwortung erkennen und Schwerpunkte setzen zu können, sollten sich Unternehmen und Organisationen mit diesen Kernthemen auseinandersetzen, um sowohl nach innen als auch nach außen verantwortlich zu handeln.

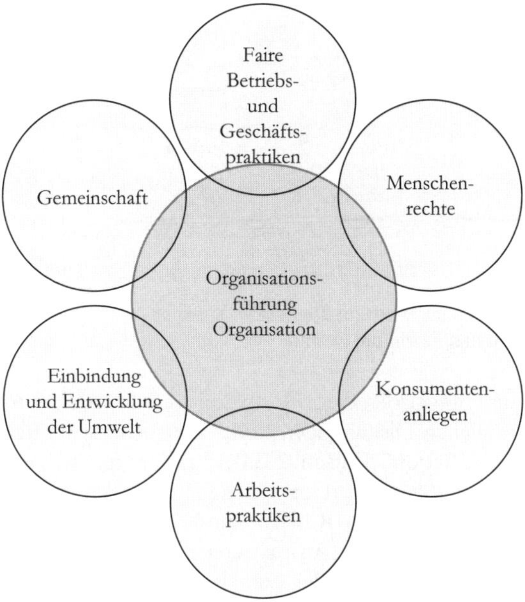

Abb. 34: Die sieben Kernthemen der ISO 26000

15.4 Prinzipien der CSR in der Eventindustrie

Wie wir im vorherigen Abschnitt erkannt haben, beschreibt Corporate Social Responsibility im Allgemeinen die Verantwortung eines Unternehmens für nachhaltiges Management in ökonomischer, ökologischer und sozialer Hinsicht gegenüber möglichen Anspruchsgruppen (Stakeholder). Für Events bedeutet das, dass seinerseits Stakeholder via CSR einerseits Forderungen und Erwartungen an Events und deren Verantwortungsträger stellen, ökonomisch, ökologisch und sozial zu handeln. Andererseits besteht für die Eventverantwortlichen die Chance, sich aufgrund von nachhaltigem Management, gemäß CSR-Richtlinien, positiv von anderen Events abzuheben.

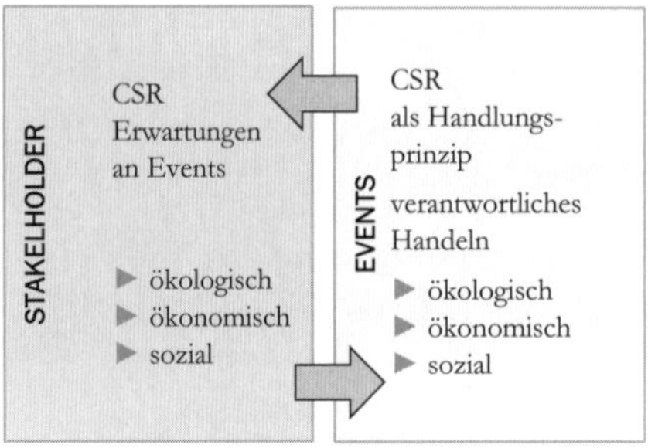

Abb. 35: CSR als Erwartung der Stakeholder und Handlungsprinzip bei Events

Wie spannungsgeladen dieses Verhältnis sein kann, sieht man an den öffentlichen Diskussionen und Untersuchungen (zum Beispiel Garcia-Report (Fritsch 2014)) zu Korruptionsvorwürfen bezüglich der Vergabeverfahren der FIFA zu den Fußballweltmeisterschaften 2018 in Russland und 2022 in Katar (Fritsch 2014) und auch bei der Ausrichtung der Olympischen Spiele 2014 in Sotschi bezüglich der Einhaltung von Umweltstandards und Menschenrechten.

Neben den zuvor genannten sieben Kernthemen der ISO 26000 gibt es sieben Verhaltensgrundsätze, nach denen jede Organisation bzw. jedes Unternehmen handeln sollte. Mithilfe der sieben Grundsätze der ISO 26000 (vgl. Bundesministerium für Arbeit und Soziales 2011, S. 12f) soll gezeigt werden, wie sich diese allgemeinen Handlungsrichtlinien auch in CSR-Richtlinien für Events umsetzen lassen.

[1] **Rechenschaftspflicht:** Eine Organisation sollte für die Auswirkungen ihrer Entscheidungen und Aktivitäten auf Gesellschaft, Wirtschaft und Umwelt die Verantwortung übernehmen und nachweisbar Rechenschaft ablegen.

Bei der Konzeption, Planung und Durchführung müssen die einzelnen Aktivitäten eines Events hinsichtlich ihrer Auswirkungen auf Gesellschaft (Öffentlichkeit, Eventbeteiligte), Wirtschaft (finanzielle Auswirkungen) und Umwelt (Umweltverträglichkeit des Events hinsichtlich Verbrauch natürlicher Ressourcen, Müll, Umweltverschmutzung) analysiert und später in einem Reporting dargestellt und wenn notwendig veröffentlicht werden.

[2] **Transparenz:** Eine Organisation sollte insbesondere dann transparent agieren, wenn ihre Entscheidungen und Aktivitäten einen Einfluss auf Gesellschaft oder Umwelt haben. Das umfasst eine glaubwürdige, offene, verständliche Kommunikation und Berichterstattung über Zweck, Art und Standorte der Aktivitäten einer Organisation.

Der Punkt Transparenz ist vor allem bei der Vergabe von Groß- und Megaevents besonders zu berücksichtigen, da gerade diese Arten von Events ein hohes öffentliches Interesse bei Medien und in der Gesellschaft erzeugen. Die jüngsten Beispiele aus der Praxis haben gezeigt, wie wichtig dieser Punkt ist. Gerade die Glaubwürdigkeit und das Vertrauen von Eventorganisatoren können zum entscheidenden Erfolgsfaktor für Events werden.

[3] **Ethisches Verhalten:** Das Handeln einer Organisation sollte auf den Werten der Ehrlichkeit, der Gerechtigkeit und der Rechtschaffenheit beruhen.

In Bezug auf Events bedeutet das, dass sich die Eventverantwortlichen sowohl im Internen der Organisation im Umgang mit ihren Mitarbeitern und Volontären als auch nach außen einem ethischen Handeln verpflichtet fühlen.

[4] **Achtung der Interessen von Anspruchsgruppen:** Eine Organisation sollte ihre (betroffenen) Anspruchsgruppen kennen und deren Interessen respektieren und berücksichtigen. Für Events bedeutet dies, dass die eventverantwortlichen Personen und Organisationen bei der Planung und Umsetzung von Events dem Stakeholder-Ansatz folgen sollten, um verantwortlich gegenüber diesen zu handeln.

[5] **Achtung der Rechtsstaatlichkeit:** Eine Organisation sollte Recht und Gesetz unbedingt achten und einhalten. Für

Events im nationalen und internationalen Kontext bedeutet das, dass alle gesetzlichen Bestimmungen und Verordnungen des Landes, aber auch gegebenenfalls internationales Recht zu achten und einzuhalten sind.

[6] **Achtung internationaler Verhaltensstandards:** Eine Organisation sollte in Übereinstimmung mit internationalen Verhaltensstandards handeln. Darunter sind das Völkergewohnheitsrecht, allgemein anerkannte internationale Rechtsgrundsätze oder zwischenstaatliche Abkommen, Verträge und Konventionen zu verstehen. Beispiele sind die UN-Menschenrechtskonvention oder die internationalen Arbeitsstandards der ILO. Diese Verhaltensstandards sollten als Orientierung in Situationen dienen, in denen die Organisation, zum Beispiel bei internationalen Aktivitäten, keine angemessenen nationalen Umwelt- und Sozialstandards vorfindet.

Im Bereich der Eventindustrie gilt das grundsätzlich für alle Unternehmen, die an der Planung und Durchführung von Events beteiligt sind (Unternehmensperspektive), aber auch für die Planung und Durchführung von sowohl nationalen als auch internationalen Eventprojekten (Projektperspektive).

[7] **Achtung der Menschenrechte:** Eine Organisation sollte die grundlegenden Menschenrechte, deren Bedeutung und Allgemeingültigkeit anerkennen. Dies sollte unabhängig vom Standort, dem kulturellen Hintergrund oder spezifischen Situationen geschehen.

Ein Grundsatz, der für alle Organisationen und Unternehmen gilt und daher auch für alle Unternehmen und Organisationen in der Eventindustrie gelten sollte. Die Vergangenheit hat leider auch oft genug gezeigt, dass dies nicht immer der Fall ist. Gerade bei der Planung und Organisation von internationalen Sportevents kommt es immer wieder zu Verstößen, die leider auch nicht durch die projektverantwortlichen Organisationen verhindert werden.

15.5 Faires Handeln in der Eventindustrie

Neben den Richtlinien der ISO 26000 haben Organisationen der Eventindustrie immer wieder Verhaltenskodizes entwickelt, um festzulegen, was faires (im Sinne von gesellschaftlich anständigem bzw. verantwortlichem) Handeln in der Eventindustrie ausmacht.

Die Übersicht zeigt einige der international tätigen Organisationen und Verbände, die einen eigenen Verhaltenskodex zum fairen Verhalten im Eventbereich entwickelt haben (vgl. Goldblatt 2014, S. 18–19).

Internationale Eventverbände und -organisationen und deren Werte- und Ethikkodizes

Organisation	Kodex
PCMA – Professional Covention Management Association *http://www.pcma.org/docs/pcma-defined-docs/code_of_ethics.pdf*	**Principles of professional and ethical conduct**
ICCA – International Congress and Convention Association *http://www.iccaworld.com/abouticca/csrpolicy.cfm*	**ICCA – CSR Policy**
MPI – Meeting Professional International *https://www.mpiweb.org/docs/default-source/wec-2011/Principles_of_ Professionalism.pdf?sfvrsn=0pdf*	**Principles of Professionalism**
ASAE – American Society of Association Executives *http://www.asaecenter.org/files/ASAE%20standards_of_conduct_8_1_2014. pdf*	**ASAE Standards of Conduct**

GMIC – Green Meeting Industry Council 🖰 *http://www.gmicglobal.org/resource/resmgr/docs/gmic_code_of_conduct.pdf*	**Individual Member Code of Conduct und Partner Code of Conduct**
EVVC & GCB 🖰 *http://fairpflichtet.de/wp-content/uploads/2012/06/Nachhaltig keitskodex.pdf*	**fairpflichtet. Nachhaltigkeitskodex im deutschsprachigen Veranstaltungsmanagement**
SITE Global 🖰 *http://www.siteglobal.com/p/cm/ld/fid=25*	**SITE Code of Ethics**
ISES – International Special Events Society 🖰 *http://www.ises-europe.com/english/about-us*	**ISES Principles of professional Conduct and Ethics**

Tab. 24: Ethikkodizes im Überblick

Oftmals liegen Missachtungen eines fairen Verhaltens in den Bereichen

- Missbrauch von Vertraulichkeit (vertraulicher Informationen),
- Geschenke als Bestechungsgelder,
- Ideendiebstahl durch Kunden oder Wettbewerber,
- Abwerben von Mitarbeitern während des Events,
- Kinderarbeit und
- sexueller Belästigung.

Damit die Kodizes und die darin beschriebenen Werte und Verhaltensmaßnahmen auch glaubwürdig sind, ist es wichtig, dass die jeweiligen Organisationen bzw. Mitglieder die Werte leben und auch umsetzen. Dabei helfen folgende fünf Schritte:

[1] Ausrichten des gesamten Personalmanagements an den ethischen Richtlinien, von der Einstellung bis zur Leistungsbewertung der Mitarbeiter.

[2] Integrieren eines Ethiktrainings für neue Mitarbeiter als Werteorientierung und kontinuierliche Weiterbildung für sämtliche Teammitglieder.

[3] Information über ethische Richtlinien in Team- und Personalversammlungen sowie Anwendung der Richtlinien als Referenz im Umgang mit betriebswirtschaftlichen Fragen.

[4] Berufung eines Ethikkomitees, das regelmäßig die bestehenden Richtlinien überprüft und aktualisiert.

[5] Einbindung der Richtlinien auf allen Ebenen der Organisation. Eine wirksame Ethikpolitik kann nur auf allen Ebenen der Organisation, einschließlich der Führungspositionen, erfolgreich angewendet werden.

✱ Zusammenfassung

Der Begriff Corporate Social Responsibility bezeichnet die „verantwortliche Unternehmensführung“ oder „gesellschaftliche Verantwortung von Unternehmen“ und umfasst die soziale, ökologische und ökonomische Verantwortung von Unternehmen in allen Bereichen der Unternehmenstätigkeit. Im Laufe der Jahre hat sich ein breites und ausdifferenziertes Spektrum an freiwilligen CSR-Standards herausgebildet, die Unternehmen bei der Wahrnehmung gesellschaftlicher Verantwortung Hilfestellung geben sollen. Aus der Notwendigkeit heraus, einen anerkannten themen- und branchenübergreifenden Standard zu entwickeln, veröffentlichte die ISO (International Organization for Standardization) im November 2010 die ISO 26000. In Bezug auf Events bedeutet verantwortungsvolles Handeln, dass Stakeholder via CSR einerseits Forderungen und Erwartungen an Events und deren Verantwortungsträger stellen, ökonomisch, ökologisch und sozial zu handeln. Andererseits besteht für die Eventverantwortlichen die Chance, sich aufgrund von nachhaltigem Management, gemäß CSR-Richtlinien, positiv von anderen Events abzuheben.

16 Sustainability in der Eventindustrie

Unsere heutige Welt ist mit einer Vielzahl großer ökologischer und ökonomischer Probleme konfrontiert, deren Ursachen letztendlich im Umfang und in der Intensität menschlichen Handelns begründet sind. In öffentlichen Diskursen wird immer wieder gefordert, dass Unternehmen und jeder Einzelne stärker nach Maßgabe eines nachhaltigen Wirtschaftens und Konsumierens handeln sollen/soll. In verstärktem Maße gilt das auch für Events.

✱ Lernziele

Nach der Lektüre dieses Kapitels werden Sie wissen,

- was unter dem Begriff Sustainability zu verstehen ist.
- wie der Begriff Sustainability bzw. Nachhaltigkeit entstanden ist.
- welche Inhalte eine Nachhaltige Entwicklung berücksichtigt.
- welche Bereiche und Kriterien Nachhaltige Events erfüllen.

16.1 Was Sie vorab wissen sollten

Ob Konferenzen, Messen, Sport- oder Kulturevents – der Ruf nach Veranstaltungen, die ökologische und ökonomische Aspekte berücksichtigen, wird immer lauter. Eine Umfrage der Nachrichtenagentur dpa ergab, dass zum Beispiel Strategien für eine nachhaltige Gestaltung von Festivals mittlerweile fest zur Planung bei vielen Festivalbetreibern gehören (Kreiszeitung.de 2012).

16.2 Begriff der Nachhaltigkeit

Der Begriff Nachhaltigkeit stammt ursprünglich aus der Forstwirtschaft und wird dort seit mehr als 300 Jahren benutzt. Hinter *nachhaltigem Forsten* stand die Forderung, nur so viel Holz zu schlagen, wie durch eine Aufforstung auch wieder nachwachsen kann (vgl. Balderjahn 2013, S. 11).

Angestoßen durch die Veröffentlichung des Buchs „Limits to Growth" (Grenzen des Wachstums) von Dennis Meadows im Frühjahr 1972 begann eine erste Nachhaltigkeitsdiskussion, auch wenn der Terminus Nachhaltigkeit in diesem Zusammenhang nicht verwendet wurde (Aachener Stiftung Kathy Beys 2014).

1983 wurde von den Vereinten Nationen die sogenannte **Brundtland-Kommission** (benannt nach ihrer Vorsitzenden Gro Harlem Brundtland) ins Leben gerufen. Diese „Weltkommission für Umwelt und Entwicklung" beeinflusste die internationale Debatte über Entwicklungs- und Umweltpolitik maßgeblich. Ihr Auftrag lag darin, langfristige Perspektiven für eine Entwicklungspolitik aufzuzeigen, die zugleich umweltschonend ist. In ihrem auch als Brundtland-Bericht bekannt gewordenen Abschlussdokument „Unsere gemeinsame Zukunft" aus dem Jahr 1987 ist das von diesem Leitgedanken inspirierte Konzept der nachhaltigen Entwicklung folgendermaßen definiert:

„Entwicklung zukunftsfähig zu machen, heißt, dass die gegenwärtige Generation ihre Bedürfnisse befriedigt, ohne die Fähigkeit der zukünftigen Generation zu gefährden, ihre eigenen Bedürfnisse befriedigen zu können." (Teil I „The Global Challenge", Kapitel 3 „Sustainable Development", Artikel 27)

Bei der späteren **UN-Weltklimakonferenz** in Rio de Janeiro im Juni 1992 wurde vermerkt, dass Sustainability die Vereinbarkeit von ökologischen, sozialen und wirtschaftlichen Anforderungen erfordert – die „drei Säulen bzw. Dimensionen" der Nachhaltigkeit. Die nachfolgende Abbildung zeigt, dass die drei sich überschneidenden Felder (drei Säulen der Nachhaltigkeit) sich nicht gegenseitig ausschließen, sondern sich gegenseitig stärken sollen.

Abb. 36: Die drei Dimensionen des Sustainability-Ansatzes

Nachhaltiges Wirtschaften bedeutet demnach ein ökonomisches, umwelt- und sozialverträgliches Handeln in den Unternehmen und Organisationen.

16.3 Die ökonomische, ökologische und gesellschaftliche Dimension

Die ökonomische Dimension

Weltweiter Wettbewerb und Wettbewerbsdruck, vernetzte globale wirtschaftliche Abhängigkeiten, Druck durch das alleinige Postulat der Gewinnmaximierung und des Shareholder Values (Aktionärswert) schränken Betriebe in ihren Entscheidungen ein. Ziel einer nachhaltigen ökonomischen Entwicklung ist es, dass die Wirtschaftsweise so angelegt ist, dass sie dauerhaft eine tragfähige Grundlage für Erwerb und Wohlstand bietet. Das bedeutet aber auch, dass nur Unternehmen und Organisationen, die wettbewerbsfähig sind, sich sozial-ökologisch engagieren können (vgl. Balderjahn 2013, S. 29). „Die ökonomische Dimension nachhaltigen Wirtschaftens umfasst insbesondere das Ziel der Schaffung eines angemessenen Lebensstandards und damit verbunden, die Beseitigung von Armut in einer Gesellschaft“ (Balderjahn 2013, S. 30). Von besonderer Bedeutung ist hier der Schutz wirtschaftlicher Ressourcen vor Ausbeutung (ökonomische Dimension).

Die ökologische Dimension

Überall befinden sich die natürliche Umwelt und biologische Vielfalt unter Druck. Ziel einer nachhaltigen ökologischen Entwicklung ist es, die Natur und Umwelt für die nachfolgenden Generationen zu erhalten. Dies umfasst den Erhalt der Artenvielfalt, den Klimaschutz, aber auch die Pflege von Kultur- und Landschaftsräumen in ihrer ursprünglichen Gestalt sowie generell einen schonenden Umgang mit der natürlichen Umgebung (ökologische Dimension).

Die gesellschaftliche Dimension

Darüber hinaus steht die Welt vor einer Vielzahl gesellschaftlicher und politischer Probleme. Schwere Armut existiert immer noch in vielen Teilen der Welt. Ungleichheit von Arm und Reich verursacht Spannungen und Unruhen. Ziel einer nachhaltigen sozialen Entwicklung ist es, dass die Entwicklung der Gesellschaft als gemeinsamer Weg für alle Mitglieder einer Gemeinschaft möglich wird. Dies umfasst einen Ausgleich sozialer Kräfte mit dem Ziel, eine auf Dauer zukunftsfähige, lebenswerte Gesellschaft zu erreichen (gesellschaftliche bzw. soziale Dimension).

16.4 Nachhaltiges Handeln bei Events

Im April 2014 veröffentlichten dazu das German Convention Bureau e. V. (GCB) und der Europäische Verband der Veranstaltungs-Centren e. V. (EVVC) gemeinsam einen Nachhaltigkeitskodex der Veranstaltungswirtschaft, der mit seinen zehn

Leitlinien und konkretisierenden Leitsätzen den Unternehmen der Veranstaltungswirtschaft eine Orientierung für nachhaltiges und faires Handeln bieten soll (vgl. GCB/EVVC 2014, S. 2).

Diese zehn Leitlinien stellen einen guten Ansatz dar, wie gerade Unternehmen in der Veranstaltungswirtschaft ökonomisch, ökologisch und sozialverträglich Handeln können (GCB/EVVC 2014, S. 3).

[1] „**Strategie:** Nachhaltiges Wirtschaften heißt strategisch handeln, in Führung gehen und heißt Integration in die Unternehmensprozesse.

[2] **Nachhaltigkeit:** Nachhaltigkeit wird vor allem als Chance verstanden; zur Lösung von Auswirkungen unternehmerischen Handelns in der Zukunft und zum Nutzen aller.

[3] **Der „nachhaltige Unternehmer":** Der nachhaltige Unternehmer erfüllt seine Verantwortung in der Region zur Steigerung des Gemeinwohls.

[4] **Ökonomie:** Ökonomie in Ausgewogenheit mit Ökologie und sozialen Aspekten sind gleichberechtigte Anliegen für eine langfristige Stabilität des Unternehmens.

[5] **Verantwortlicher Umgang mit Ressourcen und Energie:** Verantwortlicher Umgang mit Ressourcen und Energie heißt, 1. vermeiden, 2. vermindern und 3. regenerierbar ersetzen.

[6] **Der „nachhaltige Arbeitgeber":** Der nachhaltige Arbeitgeber erfüllt eine anspruchsvolle Sozialkompetenz gegenüber seinen Mitarbeiterinnen und Mitarbeitern, steigert deren Qualifikation und sichert die Beschäftigung.

[7] **Aus Respekt vor den Menschen:** Aus Respekt vor den Menschen setzt sich der nachhaltige Unternehmer für die Einhaltung der Menschenrechte ein und richtet sich gegen jede Form von Diskriminierung und Korruption.

[8] **Offenheit:** Offenheit ist eine Einstellung. Transparenz der Maßnahmen für Nachhaltigkeit ist die Konsequenz.

[9] **Die freiwillige Selbstverpflichtung:** Freiwillige Selbstverpflichtung zur Nachhaltigkeit ist eine Pflicht an sich selbst, die zum Anspruch der Gesellschaft wird.

[10] **Der „nachhaltige Unternehmer“ setzt Anreize:** Der nachhaltige Unternehmer setzt Anreize zum Umdenken und Handeln, um Mitarbeiter und Partner in einen ständigen Verbesserungsprozess der Nachhaltigkeit einzubeziehen.“

* Zusammenfassung

Der Begriff Nachhaltigkeit stammt ursprünglich aus der Forstwirtschaft und wird dort seit mehr als 300 Jahren benutzt. Unter nachhaltigem Forsten versteht man dabei, nur so viel Holz zu schlagen, wie durch eine Aufforstung auch wieder nachwachsen kann. 1983 wurde von den Vereinten Nationen die sogenannte Brundtland-Kommission (benannt nach ihrer Vorsitzenden Gro Harlem Brundtland) ins Leben gerufen. Ihr Auftrag lag darin, langfristige Perspektiven für eine nachhaltige Entwicklungspolitik aufzuzeigen, die zugleich umweltschonend ist. Bei der späteren UN-Weltklimakonferenz in Rio de Janeiro im Juni 1992 wurde vermerkt, dass Sustainability die Vereinbarkeit von ökologischen, sozialen und wirtschaftlichen Anforderungen erfordert – die drei Säulen bzw. Dimensionen der Nachhaltigkeit. Nachhaltiges Wirtschaften bedeutet demnach ein ökonomisches, umwelt- und sozialverträgliches Handeln in den Unternehmen und Organisationen. Im April 2014 veröffentlichten dazu das German Convention Bureau e. V. (GCB) und der Europäische Verband der Veranstaltungs-Centren e. V. (EVVC) gemeinsam einen Nachhaltigkeitskodex der Veranstaltungswirtschaft, der mit seinen zehn Leitlinien und konkretisierenden Leitsätzen den Unternehmen der Veranstaltungswirtschaft eine Orientierung für nachhaltiges und faires Handeln bieten soll.

17 Green Meetings und Events

Wie wir im vorherigen Teil erfahren haben, ist es wichtig, dass Unternehmen und Organisationen langfristig die Kernthemen eines nachhaltigen Wirtschaftens in ihr Handeln einbeziehen, um verantwortungsvoll zu handeln.

✱ Lernziele

Nach der Lektüre dieses Kapitels werden Sie wissen,

- was man unter dem Begriff Green Meetings bzw. Green Events versteht.
- welche Normen und Standards es im Bereich Green Meetings gibt.
- wie sich die Richtlinien für Green Meetings/Events umsetzen lassen.
- wie man ein nachhaltiges Reporting-System für Green Meetings/Events erstellt.
- wie man die Nachhaltigkeit von Green Meetings/Events evaluieren kann.

17.1 Was Sie vorab wissen sollten

Was für Unternehmen gilt, wird auch zunehmend für die Planung und Durchführung von Events gelten. Die Realisierung von Events bedeutet auch immer eine Belastung für die Umwelt. Das Ausmaß dieser Belastung wird dabei von verschiedenen Faktoren beeinflusst. Wie die Praxis in den vergangenen Jahren gezeigt hat, können Events durch nicht nachhaltiges Handeln dauerhafte Schäden für Klima und Umwelt verursachen. Die Eventverantwortlichen müssen sich deshalb bereits im Vorfeld – also bereits in der Eventplanung – intensiv mit dem Thema Green Events auseinandersetzen und sich Gedanken über eine sowohl klima- als auch umweltfreundliche sowie energieeffiziente Durchführung ihres Events oder Meetings machen und dafür ein nachhaltiges Eventkonzept erarbeiten.

17.2 Green Meetings

Der Begriff Green Meetings bzw. Green Events

Green Meetings sind seit einigen Jahren zu einem Dauerthema in der Eventbranche geworden und werden vielfach diskutiert. Die Themenfelder in diesem Zusammenhang reichen von der notwendigen Reisetätigkeit aller am Event Beteiligten (und damit verbunden deren Einfluss auf das Klima) über den Umgang mit den Ressourcen Energie, Wasser, Papier etc. bis hin zu Überlegungen, wie das Abfallaufkommen sinnvoll minimiert und entsorgt werden kann. Daneben spielen auch die Überlegungen zu Feldern wie nachhaltiges Catering oder der Einsatz nachhaltiger Materialien, Produkte und Dienstleistungen eine wichtige Rolle in der Diskussion.

Berücksichtigt man die oben genannten Themenfelder, dann können Green Meetings oder Green Events als ein holistischer Ansatz zur Planung, Umsetzung, Dokumentation und Weiterentwicklung von umweltgerechten Veranstaltungen bezeichnet werden, der alle für die umweltgerechte Durchführung der Veranstaltung relevanten Stakeholder, wie zum Beispiel Mitarbeiter, Zulieferer, Dienstleister und Teilnehmer, einbezieht.

Die Idee der Green Events ist allerdings nicht neu. Einige der größten Megaevents waren und sind die Olympischen Sommer- und Winterspiele. Aufgrund der immensen Eingriffe in die ökologische Umwelt und Infrastruktur eines Landes wurden bereits in den 1980er Jahren Forderungen an das Internationale Olympische Komitee (IOC) herangetragen, dass die Olympischen Spiele umweltverträglicher gestaltet werden müssen. Ein erster wichtiger Meilenstein in diese Richtung waren dann die Olympischen Winterspiele 1994 in Lillehammer (Norwegen) (vgl. Bowdin et al. 2011, S. 157). Auch zur Weltausstellung 2000 in Hannover versuchten die Eventverantwortlichen, wenn auch erfolglos, das Prinzip der Nachhaltigkeit in den Mittelpunkt zu stellen. Unter dem Motto: „Mensch – Natur – Technik. Eine neue Welt entsteht." sollte nach der Weltausstellung alles wiederverwertbar und wiederverwendbar sein. „Die Öko-Orientierung hatten sich die Marketingleute der Expo vor allem für jene Kritiker ausgedacht, welche die Schau als ebenso eitle wie anachronistische Selbstdarstellung der Industrienationen bezeichneten" (Langenau 2005).

British Standard BS 8901

Ein weiterer wichtiger Meilenstein in Richtung Normen und Standards für Green Meetings war die Veröffentlichung des sogenannten British Standard BS 8901 im November 2007 (vgl. Cavagnaro/Postma/Neese 2012, S. 204). Auslöser für die Entwicklung des BS 8901 war der Zuschlag für London zur Ausrichtung der Olympischen Sommerspiele 2012.

Der BS 8901 gilt als Standard und Richtlinie für Konzeption und Durchführung von nachhaltigen Events. Der **BS 8901** ist dabei an den **ISO 14000** angelehnt, den sogenannten *Environmental Management Standard* oder *Umwelt ISO Norm*.

Die wichtigsten Anforderungen des BS 8901 sind die Bereiche Nachhaltigkeitspolitik, Identifikation und Bewertung der Eventausgaben, Stakeholder-Identifikation und -Engagement, Ziele und Pläne des Events, Grundsätze der nachhaltigen Entwicklung, Kompetenz und Ausbildung, Management der Lieferantenkette, Kommunikation, Überwachung und Messung aller Eventabläufe und -aktivitäten, Korrektur- und Präventionsmaßnahmen, Managementsystem-Audits und -Reviews. Die nachfolgende Abbildung stellt die einzelnen Prozessschritte zur Umsetzung des BS 8901 dar:

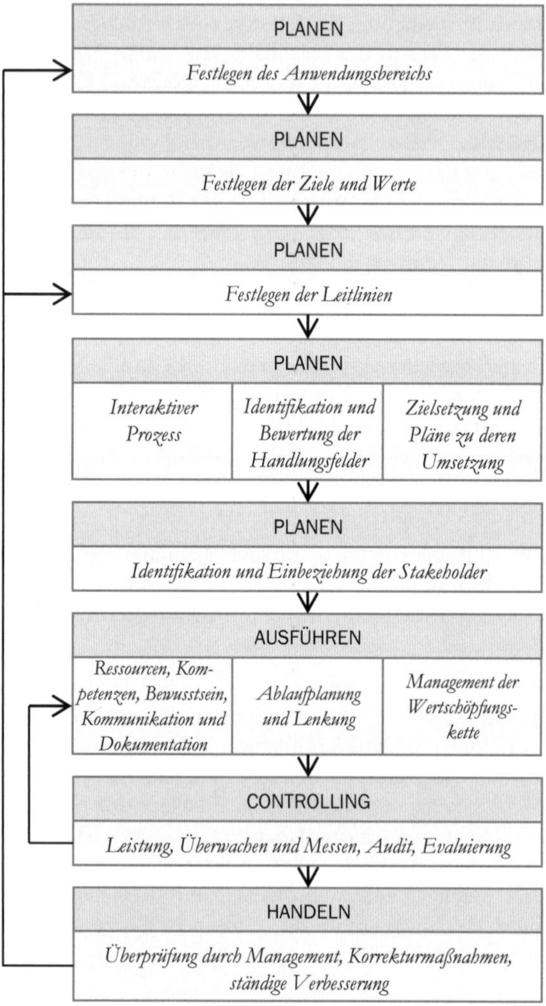

Abb. 37: Schritte zur Umsetzung der BS 8901

Leitfaden für nachhaltige Organisation von Veranstaltungen

Im März 2006 veröffentlichte das Bundesumweltministerium erstmals den „Leitfaden für die umweltgerechte Organisation von Veranstaltungen“, der 2010 überarbeitet wurde und aktuell unter dem Titel „Leitfaden für die nachhaltige Organisation von Veranstaltungen“ geführt wird. Der Leitfaden gibt den Eventverantwortlichen eine Übersicht über relevante Bereiche und Handlungsfelder für eine umweltgerechte und sozial verträgliche Gestaltung von Konferenzen und Veranstaltungen:

- **Mobilität:** Hierbei geht es um die An- und Abreise aller am Event beteiligten Personen. Gerade bei Festivals, die außerhalb der Städte stattfinden, ist es für die Eventverantwortlichen eine große logistische Herausforderung, die An- und Abreise mehrerer 10.000 Teilnehmer zu planen. Um auch ökologische Aspekte zu berücksichtigen, muss bereits im Vorfeld ein Logistikkonzept mit den Partnern (Bahn, Busunternehmen etc.) erarbeitet werden. In den vergangenen Jahren hat sich die Idee der klimaneutralen Mobilität durchgesetzt, das heißt, dass alle im Zusammenhang mit der Veranstaltung stehenden verkehrsbezogenen Maßnahmen, die zu einer Entstehung von Treibhausgasen beitragen, durch Ausgleichsmaßnahmen kompensiert werden.
- **Veranstaltungsort und Unterbringung der Teilnehmer:** Dieser Teil umfasst Anforderungen an den jeweiligen Unterbringungsort (wie zum Beispiel Konferenzgebäude und Hotels) der Teilnehmer. Gerade bei mehrtägigen Open-Air-Festivals stehen die Organisatoren vor einer großen Herausforderung. Oftmals lassen die Festivalbesucher bei der Abreise ihre Zelte zurück, die dann ebenfalls entsorgt werden müssen. Bei der Auswahl der Hotels und Konferenzgebäude und der Durchführung von Veranstaltungen spielen ebenfalls Fragen des Abfallmanagements, der Beschaffung, des Energieverbrauchs, der Mobilität, der Versorgung und des Wasserverbrauchs eine wichtige Rolle.

- **Energie und Klima:** Energie und Klima spielen als übergeordnetes Thema bei der Mobilität und der Auswahl der Eventlocation und Unterbringung eine wichtige Rolle. Heizen, Kühlen, Strom- und Wasserverbrauch sind hier die Handlungsfelder, die die Eventorganisatoren berücksichtigen sollten, um die Energieverbräuche zu minimieren. Diese Aspekte sind vor allem in der Planung zu analysieren und bei der entsprechenden Auswahl der Location zu berücksichtigen, denn Hotels und Konferenzzentren werden sich schwerlich nur für den einen Event baulich verändern lassen.
- **Beschaffung von Produkten und Dienstleistungen:** Hier geht es darum, umweltfreundliche Produkte und Dienstleistungen nachzufragen. Eventorganisatoren sollten deshalb bei der Auswahl ihrer Partner darauf achten, dass sie möglichst umweltfreundliche Produkte und Dienstleistungen anbieten.
- **Catering:** Beim Catering geht es um die Aspekte der Verpflegung aller am Event beteiligten Personen, der Beschaffung (von Lebensmitteln) und des damit verbundenen Transportaufkommens. Besondere Beachtung sollten hier saisonale, wenn möglich regional und ökologisch angebaute sowie fair gehandelte Produkte finden. Dazu gehört auch die Frage nach dem Umgang mit den entstehenden Abfällen im Zusammenhang mit der Bewirtung.
- **Abfallmanagement:** Das Handlungsfeld Abfallmanagement zielt vor allem auf die Begrenzung und mögliche Reduzierung der Abfallmengen während der Veranstaltung (Bewirtung, Konferenzmaterialien, Mülltrennung etc.) sowie in der Vorbereitungsphase (Versand von Handouts/Tagungsunterlagen).
- **Umgang mit Wasser:** Zum Schutz der Ressource Wasser sind ein ressourcenschonender und verantwortungsvoller Umgang und Maßnahmen zur Senkung der Abwasserbelastung, zum Beispiel durch Verwendung biologisch abbaubarer Reinigungsmittel, von Bedeutung.
- **Gastgeschenke:** Die im Rahmen von Veranstaltungen oft überreichten Give-aways sollen einerseits nicht kurzfristig zu

Abfall werden und andererseits in ihrer Herstellung und Anlieferung sowohl die Umwelt möglichst wenig belasten als auch sozial verträglich sein. Es sollte durchaus auch einmal kritisch geprüft werden, ob auf Gastgeschenke nicht verzichtet werden kann.

- **Kommunikation:** Wer Events nachhaltig gestalten und durchführen will, sollte diese Ziele und Inhalte möglichst frühzeitig auf allen Entscheidungsebenen kommunizieren und als Handlungsmaxime einführen. Hierzu sind alle Formen der Mitarbeiterschulung und Informationsangebote an die Öffentlichkeit vor Ort zu nutzen. Daneben sollten auch die Teilnehmer frühzeitig über das Umweltkonzept informiert werden.
- **Soziale Aspekte:** In diesem Handlungsfeld behandelt der Leitfaden Fragen der behindertengerechten (Barrierefreiheit) und geschlechterspezifischen (Gender Mainstreaming) Durchführung von Veranstaltungen. Die Berücksichtigung der Bedürfnisse behinderter Menschen soll deren eigenständige und aktive Teilnahme an Veranstaltungen ermöglichen (Bundesministerium für Umwelt, Naturschutz und Reaktorsicherheit 2010).

ISO 20121

Rechtzeitig zum Start der Olympischen Sommerspiele 2012 in London wurde dann die ISO 20121 „Event sustainability management systems – Requirements with guidance for use“ als Standard für nachhaltige Events veröffentlicht, um nachhaltiges Eventmanagement zu fördern. Das Besondere an diesem Standard ist, dass die ISO 20121 Nachhaltigkeit nicht ausschließlich als Schutz der Umwelt erfasst, sondern auch die sozialen und ökonomischen Komponenten einer Veranstaltung mit einbezieht. Von der Auswahl der Lieferanten über Transfers und Tagungsort bis hin zur Eventkommunikation wird die ISO 20121 als Managementsystem für die nachhaltige Veranstaltungsorganisation die gesamte Wertschöpfungskette eines

Events abdecken. Für die Eventverantwortlichen bedeutet dies die Chance, Events zum ersten Mal systematisch in ein ganzheitliches Nachhaltigkeitsmanagement einzubeziehen.

EMAS

Neben den bereits erwähnten Normen und Richtlinien gibt es seit 2009 das auf einer EU-Verordnung basierende und 2009 novellierte freiwillige europäische Umweltmanagementsystem EMAS (Eco-Management and Audit Scheme, Verordnung (EG) Nr. 1221/2009 vom 25. November 2009, ABl. (EG) Nr. L 342, S. 1). Die Verordnung bietet Organisatoren von Veranstaltungen einen passenden Rahmen, um interne Verantwortlichkeiten der verschiedenen Ebenen und Umweltziele festzulegen, die Maßnahmen kontrolliert umzusetzen und ihre Umweltleistungen mithilfe der **Umwelterklärung** für die interessierte Öffentlichkeit darzustellen. Die Umwelterklärungen werden von der EU-Kommission archiviert und sind damit auch später noch nutzbar. So können etwa Berechnungen zu Energieeinsparungen, die Darstellung von Maßnahmen zur Verkehrslenkung oder Daten zu Abfall- und Wasserverbrauchsmengen für andere Veranstalter von großem Nutzen sein. Die Eintragung in das EMAS-Register trägt schließlich zu einer weltweiten Bekanntmachung der Veranstalter bei (Bundesministerium für Umwelt, Naturschutz und Reaktorsicherheit 2010, S. 16).

✱ Zusammenfassung

Green Meetings sind seit einigen Jahren zu einem Dauerthema in der Eventbranche geworden. Bei der Planung und Durchführung von Events müssen stets auch die Belastungen für die Umwelt berücksichtigt werden, denn durch nicht nachhaltiges Handeln können Events dauerhaft Schäden für Klima und Umwelt verursachen. Die Eventverantwortlichen müssen sich deshalb bereits im Vorfeld der Eventplanung intensiv mit dem Thema Green Events auseinandersetzen und sich Gedanken über eine sowohl klima- als auch umweltfreundliche sowie energieeffiziente Durchführung ihres Events oder Meetings machen und dafür ein nachhaltiges Eventkonzept erarbeiten. Selbstverpflichtungen, Normen und Standards haben in den letzten Jahren dazu beigetragen, dass sich innerhalb der Eventbranche immer intensiver mit dem Thema Green Events auseinandergesetzt wird. Wichtige Meilensteine in Richtung Normen und Standards für Green Meetings waren die Veröffentlichung des British Standard BS 8901 im November 2007 und die Einführung der ISO 20121 zum Start der Olympischen Sommerspiele 2012 in London. Die ISO 20121 „Event sustainability management systems – Requirements with guidance for use" gilt als Standard für nachhaltige Events und um nachhaltiges Eventmanagement zu fördern. Das Besondere an diesem Standard ist, dass die ISO 20121 Nachhaltigkeit nicht ausschließlich als Schutz der Umwelt erfasst, sondern auch die sozialen und ökonomischen Komponenten einer Veranstaltung mit einbezieht. Auch der erstmals 2006 in Deutschland veröffentlichte „Leitfaden für die nachhaltige Organisation von Veranstaltungen" gilt als wichtiger Meilenstein in Bezug auf Green Events. Der Leitfaden gibt den Eventverantwortlichen eine Übersicht über relevante Bereiche und Handlungsfelder für eine umweltgerechte und sozial verträgliche Gestaltung von Konferenzen und Veranstaltungen.

Literaturverzeichnis

Aachener Stiftung Kathy Beys (2014): Lexikon der Nachhaltigkeit. Club of Rome. Grenzen des Wachstums, wie alles begann. (URL: http://www.nachhaltigkeit.info/artikel/entstehung_des_berichtes_541.htm [letzter Zugriff: 22.12.2014]).

Allen, J. (2008): Festival & special event management. 4. Auflage, John Wiley & Sons Australia, Milton, Qld.

Arleth, J./Kagermeier, A. (2008): Auf der Suche nach … neuen Dimensionen des Angebots im historisch motivierten Kultur-Event-Tourismus. In: Freytag, T./Kagermeier, A. (Hrsg.): Städtetourismus zwischen Kultur und Kommerz. Band 1. Profil Verlag, München/Wien, S. 163–176. (URL: http://www.kagermeier.de/mediapool/15/157354/data/Publikationen_ab_2006/SFT_01_S_163_176_Arleth_Kagermeier_Erlebnis_Kultur-Staedte_Tourismus.pdf [letzter Zugriff: 15.01.2015]).

Balderjahn, I. (2013): Nachhaltiges Management und Konsumentenverhalten. UVK-Verlagsgesellschaft, Konstanz.

Bartscher, T. (o. J.): Gabler Wirtschaftslexikon: Personalmanagement. (URL: http://wirtschaftslexikon.gabler.de/Archiv/57340/personalmanagement-v7.html [letzter Zugriff: 02.11.2014]).

Beech, J./Chadwick, S. (2007): The marketing of sport. Harlow, England, New York: Prentice Hall/Financial Times.

Behnk, J. (2009): Dionysos und seine Gefolgschaft. Weibliche Besessenheitskulte in der griechischen Antike. Diplomica-Verlag, Hamburg.

Behringer, W. (2012): Kulturgeschichte des Sports. Vom antiken Olympia bis zur Gegenwart. C. H. Beck, München.

Bertschek, I. et al. (2014): Monitoring zu ausgewählten wirtschaftlichen Eckdaten der Kultur- und Kreativwirtschaft. Hrsg. v. Bundesministerium für Wirtschaft und Energie, Berlin. (URL: http://www.kultur-kreativ-wirtschaft.de/KuK/Redaktion/PDF/monitoring-wirtschaftliche-eckdaten-kuk-2013,property=pdf,bereich=kuk,sprache=de,rwb=true.pdf [letzter Zugriff: 18.12.2014]).

Betz, G./Hitzler, R./Pfadenhauer, M. (2011): Urbane Events. VS Verlag für Sozialwissenschaften, Wiesbaden.

Bibliographisches Institut GmbH (2013): Duden online. Event. (URL: http://www.duden.de/rechtschreibung/Event [letzter Zugriff: 01.09.2014]).

Bibliographisches Institut GmbH (2014a): Duden online: Kultur. (URL: http://www.duden.de/rechtschreibung/Kultur [letzter Zugriff: 15.01.2015]).

Bibliographisches Institut GmbH (2014b): Duden online: Kunst. (URL: http://www.duden.de/rechtschreibung/Kunst [letzter Zugriff: 18.12.2014]).

Bibliographisches Institut GmbH (2014): Duden online. Risiko. (URL: http://www.duden.de/rechtschreibung/Risiko [letzter Zugriff: 02.11.2014]).

Bibliographisches Institut GmbH (2014c): Duden online: Verantwortung. (URL: http://www.duden.de/rechtschreibung/Verantwortung [letzter Zugriff: 21.12.2014]).

Bidmead, J. (2004): The Akītu Festival. Religious Continuity and Royal Legitimation in Mesopotamia. Gorgias Press, Piscataway (NJ).

Bierstedt, R. (2013): Olympische Spiele und Golf. Beiträge zur Verbreitung der Olympischen Idee im Juniorgolfsport. Books on Demand, Norderstedt.

Boos, E. (2007): Das große Buch der Kreativitätstechniken. Compact Verlag, München.

Bowdin, G. et al. (2011): Events Management. 3. Auflage, Butterworth-Heinemann, Oxford.

Brundtland, G. H. (1987): Brundtlandbericht.File. Report of the World Commission on Environment and Development. Our Common Future. Hg. v. United Nations. New York, (URL http://www.bne-portal.de/fileadmin/unesco/de/Downloads/Hintergrundmaterial_international/Brundtlandbericht.File.pdf?linklisted=2812) zuletzt geprüft am 10.03.2015.

Bruhn, M. (o. J.): Gabler Wirtschaftslexikon: Sponsoring. (URL: http://wirtschaftslexikon.gabler.de/Definition/sponsoring.html [letzter Zugriff: 17.12.2014]).

Bruhn, M. (2010): Sponsoring. Systematische Planung und integrativer Einsatz. 5. Auflage, Gabler, Wiesbaden.

Bundesministerium für Arbeit und Soziales (2011): Die DIN ISO 26000. Leitfaden zur gesellschaftlichen Verantwortung von Organisationen. Ein Überblick. Bundesministerium für Arbeit und Soziales, Bonn. (URL: http://www.bmas.de/SharedDocs/Downloads/DE/PDF-Publikationen/a395-csr-din-26000.pdf;jsessionid=488BF660392066CA8E3A716A1064209A?__blob=publicationFile [letzter Zugriff: 21.12.2014]).

Bundesministerium für Arbeit und Soziales (2014): Corporate Social Responsibility im Mittelstand regional voranbringen. Bundesministerium für Arbeit und Soziales, Berlin. (URL: http://www.csr-in-deutschland.de/fileadmin/user_upload/images/csr-deutschland/BMAS/BMAS_CSR_Broschuere_22_RZ_web_HW57_DNK.pdf [letzter Zugriff: 21.12.2014]).

Bundesministerium für Umwelt, Naturschutz und Reaktorsicherheit (2010): Leitfaden für die nachhaltige Organisation von Veranstaltungen. 2. Auflage, Bundesministerium für Umwelt, Naturschutz und Reaktorsicherheit/Umweltbundesamt, Berlin/Dessau. (URL:

http://www.bmub.bund.de/fileadmin/Daten_BMU/Download_PDF/Produkte_und_Umwelt/broschuere_leitfaden_umweltgerecht_bf.pdf [letzter Zugriff: 22.12.2014]).

Bundesministerium für Umwelt, Naturschutz und Reaktorsicherheit (2014): Gesellschaftliche Verantwortung von Unternehmen. Eine Orientierungshilfe für Kernthemen und Handlungsfelder des Leitfadens DIN ISO 26000. Bundesministerium für Umwelt, Naturschutz und Reaktorsicherheit, Berlin. (URL: http://www.bmub.bund.de/fileadmin/Daten_BMU/Pools/Broschueren/csr_iso26000_broschuere_bf.pdf [letzter Zugriff: 21.12.2014]).

Burmann, C./Meffert, H./Koers, M. (2013): Stellenwert und Gegenstand des Markenmanagements. In: Heribert Meffert (Hg.): Markenmanagement. Identitätsorientierte Markenführung und praktische Umsetzung ; mit Best Practice-Fallstudien. 2., vollst. überarb. u. erw. Aufl. ; Softcover. Wiesbaden: Gabler (Meffert Marketing Edition), S. 3–18.

Buttrick, R. (2009): The project workout. The ultimate handbook of project and programme management. 4. Auflage, Financial Times Prentice Hall, Harlow.

Cavagnaro, E./Postma, A./Neese, T. (2012): Sustainability and the Event Industry. In: Nicole Ferdinand und Paul Kitchin (Hg.): Events management. An international approach. Los Angeles, London: SAGE, S. 199–2013.

Connolly, P. (2003): Colosseum. Rome's arena of death. BBC Books, London.

Cornwell, T. B./Weeks, C. S./Roy, D. P. (2005): Sponsorship-Linked Marketing. Opening the Black Box. In: Journal of Advertising, Vol. 34, Issue 2.

Deal, T. E./Kennedy, A. A. (2008): The New Corporate Cultures. Revitalizing the Workplace After Downsizing, Mergers, and Reengineering. Basic Books, New York.

Dickhaut, K./Steigerwald, J./Wagner, B. (2009): Soziale und ästhetische Praxis der höfischen Fest-Kultur im 16. und 17. Jahrhundert. Harrassowitz Verlag, Wiesbaden.

Drengner, J. (2008): Imagewirkungen von Eventmarketing. Entwicklung eines ganzheitlichen Messansatzes. 3. Auflage, Gabler, Wiesbaden.

Drengner, J. (2014): Events als Quelle inszenierter außergewöhnlicher und wertstiftender Konsumerlebnisse. Versuch einer Definition des Eventbegriffs. In: Zanger, C. (Hrsg.): Events und Messen. Stand und Perspektiven der Eventforschung. Springer Gabler, Wiesbaden.

Dülmen, R. v. (2005): Kultur und Alltag in der frühen Neuzeit. Dorf und Stadt. 3. Auflage, C. H. Beck, München.

EITW (2014): Pressemappe MeetingEventBarometer2014. Europäisches Institut für TagungsWirtschaft (EITW). (URL: http://www.gcb.de/article/newsroom/press-releases/press-releases-from-the-gcb/meeting-eventbarometer-2014- [letzter Zugriff: 13.10.2014]).

European Commission (2010): InnoTrain CSR. Hrsg. v. European Commission. (URL: http://www.csr-training.eu/fileadmin/downloads/DE/DE.pdf [letzter Zugriff: 21.12.2014]).

European Commission (2011): A renewed EU strategy 2011–14 for Corporate Social Responsibility. European Commission, Brüssel. (URL: http://ec.europa.eu/enterprise/policies/sustainable-business/files/csr/new-csr/act_en.pdf [letzter Zugriff: 21.12.2014]).

FAMAB e. V. (2012): Event-Klima 2012. Die Entwicklung und die Trends der Live-Kommunikation. Hrsg. v. Forum Marketing-Eventagenturen, Berlin. (URL: http://dev.famab.de/global/download.html;jsessionid=0437F12A4FFCF47E70B28AF7365980EC?id=399918 [letzter Zugriff: 15.01.2015]).

Felske, F. (o. J.): Opet-Fest und Talfest. Feste zu Ehren der Götter. (URL: http://www.selket.de/goetter-aegyptens/opet-fest-talfest/ [letzter Zugriff: 15.11.2014]).

Ferdinand, N./Kitchin, P. (2012): Events management. An international approach. SAGE Publications Ltd., Los Angeles/London.

Ferrand, A./Pages, M. (1996): Image Sponsoring. A methodology to Match Event and Sponsor. In: Journal of Sport Management, Vol. 10, Issue 3, Champaign, IL.

FIFA (2012): Alles über die FIFA. Das Spiel entwickeln, die Welt berühren, eine bessere Zukunft gestalten. Hrsg. v. FIFA, Zürich. (URL: http://de.fifa.com/mm/document/fifafacts/organisation/02/13/11/06/allaboutfifa_d_german.pdf [letzter Zugriff: 17.12.2014]).

Fischer, J. (2011): 2010 Study of the German Incentive & Motivational Travel Market. Hrsg. v. Site International Foundation, München (URL: www.siteglobal.com/d/do/9 [letzter Zugriff: 14.12.2014]).

Freyer, W. (2007): Tourismus-Marketing. Marktorientiertes Management im Mikro- und Makrobereich der Tourismuswirtschaft. 5. Auflage, Oldenbourg, München u. a.

Fritsch, O. (2014): Das war so nicht abgemacht, Herr Staatsanwalt! (URL: http://www.zeit.de/sport/2014-11/fifa-garcia-eckert-blatter-korruption [letzter Zugriff: 21.12.2014]).

GCB/EVVC (2014): fairpflichtet. Nachhaltigkeitskodex der Veranstaltungswirtschaft. Hrsg. v. GCB German Convention Bureau e. V. und EVVC Europäischer Verband der Veranstaltungs-Centren e. V., Frankfurt am Main. (URL: http://fairpflichtet.de/wp-content/uploads/2012/06/Nachhaltigkeitskodex.pdf [letzter Zugriff: 21.12.2014]).

Gebhardt, W./Hitzler, R./Pfadenhauer, M. (Hrsg.) (2000): Events. Soziologie des Außergewöhnlichen. Leske + Budrich, Opladen.

Gelfert, H. D. (2005): Kleine Geschichte der englischen Literatur. C. H. Beck, München.

Getz, D. (2007): Event studies. Theory, research and policy for planned events. Butterworth-Heinemann, Oxford/Burlington, MA.

Getz, D. (2008): Event tourism. Definition, evolution, and research. In: Tourism Management, Vol. 29, Issue 3, S. 403–428.

Goldblatt, J. J. (2008): Special Events. The Roots and Wings of Celebration. 5. Aufl., John Wiley & Sons, Hoboken, NJ.

Goldblatt, J. J. (2014).: Special Events. Creating and Sustaining a New World for Celebration. 7. Auflage, John Wiley & Sons, Hoboken, NJ.

Graf, F. (2011): Ägyptische Bildwerke. Band 2. Die ägyptische Jenseitsvorstellung und Götter im alten Ägypten. Books on Demand, Norderstedt.

Hallmann, K./Breuer, C. (2010): Image Fit between Sport Events and their Hosting Destinations from an Active Sport Tourist Perspective and its Impact on Future Behaviour. In: Journal of Sport & Tourism, Vol. 15, Issue 3, London.

Häußermann, H./Siebel, W. (1993): Festivalisierung der Stadtpolitik. Stadtentwicklung durch große Projekte. Opladen: Westdt. Verl. (Leviathan : Sonderheft Bd. 13).

Hanke-Haase, G. (2013): Der deutsche Tagungs- und Kongressmarkt 2012/2013. Teil 1. Die wichtigsten Zahlen und Fakten. ghh consult GmbH, Wiesbaden. (URL: [letzter Zugriff: 19.09.2014]).

Hartl, A. (2010): Oktoberfest und Cannstatter Volksfest. Vom Nationalfest zum Massenvergnügen. Univ.-Diss., Herbert Utz Verlag, München.

Heinrichs, W. (1997): Kulturpolitik und Kulturfinanzierung. Strategien und Modelle für eine politische Neuorientierung der Kulturfinanzierung. C. H. Beck, München.

Heinrichs, W. (1999): Kulturmanagement. Eine praxisorientierte Einführung. 2. Auflage, Primus-Verlag, Darmstadt.

Henderson, E. A./McIlwraith, M. (2013): Ethics and Corporate Social Responsibility in the Meetings and Events Industry. John Wiley & Sons, Hoboken, NJ.

Herstein, R./Berger, R. (2014): Cities for sale. How cities can attract tourists by creating events. In: The Marketing Review, Vol. 14, Issue 2, Helensburgh.

Holtbrügge, D. (2013): Personalmanagement. 5. Auflage, Springer Gabler, Berlin/Heidelberg.

Holzbaur, U. (2010): Eventmanagement. Veranstaltungen professionell zum Erfolg führen. 4. Auflage, Springer, Berlin/Heidelberg.

Huba, K. H. (2007): Fußball-Weltgeschichte. Bilder, Daten, Fakten von 1846 bis heute. Copress Sport, München.

Inden, T. (1993): Alles event?! Erfolg durch Erlebnismarketing. Verlag Moderne Industrie, Landsberg/Lech.

Inden-Lohmar, T. (2002): Alles Event?! oder Warum Erdbeeren im Winter nicht schmecken. In: Hosang, M. (Hrsg.): Event & Marketing. Konzepte – Beispiele – Trends. Deutscher Fachverlag, Frankfurt am Main.

ISO 20121 Team (o. J.): Welcome to the ISO 20121 Web Site. (URL: http://www.iso20121.org/page1.html [letzter Zugriff: 08.12.2014]).

Kiel, H.-J./Bäuchl, R. (2014): Eventmanagement. Konzeption, Organisation, Erfolgskontrolle. Vahlen, München.

Kim, J./Kang, J. H./Kim, Y.-K. (2014): Impact of Mega Sport Events on Destination Image and Country Image. In: Sport Marketing Quarterly, Vol. 23, Issue 3.

Klein, A. (Hrsg.) (2011): Kompendium Kulturmanagement. Handbuch für Studium und Praxis. 3. Auflage, Vahlen, München.

Kreiszeitung.de (2012): Grün, sozial, engagiert. Festivals wollen nachhaltig sein. (URL: http://www.kreiszeitung.de/events/hurricane-festival-2012-ere129697/gruen-sozial-engagiert-festivals-wollen-nachhaltig-sein-2356011.html [letzter Zugriff: 22.12.2014]).

Kröniger, B. (2007): Der Freiraum als Bühne. Zur Transformation von Orten durch Events und Inszenierungen. Meidenbauer, München.

Langenau, L. (2005): Expo-Rückblick. Nachhaltig ist nur die Tristesse. (URL: http://www.spiegel.de/reise/aktuell/expo-rueckblick-nachhaltig-ist-nur-die-tristesse-a-348385.html [letzter Zugriff: 22.12.2014]).

Lindstrøm, M. (2009): Buy-ology. Warum wir kaufen, was wir kaufen. Campus Verlag, Frankfurt am Main/New York.

Longman English Dictionary Online (2014): Event. (URL: http://www.ldoceonline.com/dictionary/event [letzter Zugriff: 01.09.2014]).

Longman English Dictionary Online (2014): Incentive (URL: http://www.ldoceonline.com/dictionary/incentive [letzter Zugriff: 08.03.2015]).

Masterman, G. (2007): Sponsorship. For a return on investment. Butterworth-Heinemann, Oxford.

McKenna, R. (2003): Access-Marketing. Mit technologiegesteuertem Marketing Kunden überall und jederzeit erreichen. Wiley, Weinheim.

Meier, F. (2004): Microsoft Word – Spiel und Sport.doc. Hg. v. Pädagogische Hochschule Weingarten, (URL: http://hsbwgt.bsz-bw.de/files/1/Meier.pdf zuletzt geprüft am 08.03.2015.)

MPI Meeting Professionals International (2014): Home. GermanyChapter. (URL: http://mpi-germany.de/home [letzter Zugriff: 17.10.2014]).

Neven, P./Kanitz, S. (2013): Erfolgreiche Messebeteiligung. Grundlagen. Teil 1. Hrsg. v. AUMA, Berlin. (URL: http://www.auma.de/de/DownloadsPublikationen/PublicationDownloads/ErfolgreicheMessebeteiligungGrundlagen.pdf [letzter Zugriff: 14.12.2014]).

Nickel, O. (Hrsg.) (2007): Eventmarketing. Grundlagen und Erfolgsbeispiele. 2. Auflage, Vahlen, München.

Nikopoulos, A. (2004a): Das Antike Rom. Geschichte, Kultur, Alltag. Reinhard Welz Vermittler Verlag, Mannheim.

Nikopoulos, A. (2004b): Das Antike Athen. Geschichte, Kultur, Alltag. Reinhard Welz Vermittler Verlag, Mannheim.

Nöllke, M. (2010): Kreativitätstechniken. 6. Auflage, Haufe-Lexware, Freiburg im Breisgau.

Nufer, G. (2007): Event-Marketing und -Management. Theorie und Praxis unter besonderer Berücksichtigung von Imagewirkungen. 3. Auflage, Deutscher Universitäts-Verlag, Wiesbaden.

Olympic.org – Official Website of the Olympic Movement (o. J.) a: Ancient Olympic Games. History. (URL: http://www.olympic.org/ancient-olympic-games?tab=history [letzter Zugriff: 13.09.2014]).

Olympic.org – Official Website of the Olympic Movement (o. J.) b: Ancient Olympic Games. The Sports Events. (URL: http://www.olympic.org/ancient-olympic-games?tab=the-sports-events [letzter Zugriff: 13.09.2014]).

Pine, B. J./Gilmore, J. H. (2000): Erlebniskauf. Konsum als Erlebnis, Business als Bühne, Arbeit als Theater. Econ, München.

Prisching, M. (2011): Die Kulturhauptstadt als Groß-Event. In: Gregor Betz, Ronald Hitzler und Michaela Pfadenhauer (Hg.): Urbane Events. 1. Aufl. Wiesbaden: VS, Verlag für Sozialwissenschaften (Erlebniswelten), S. 84–104.

Reiter, F. (2009): Der Kick mit dem Ball. Die Geschichte des Fußballs. Vergangenheitsverlag, Berlin.

Richards, G./Palmer, R. (2010): Eventful cities. Cultural management and urban revitalisation. Butterworth-Heinemann, Oxford.

Rück, H. (o. J.): Gabler Wirtschaftslexikon. Event. (URL: http://wirtschaftslexikon.gabler.de/Archiv/81537/event-veranstaltung-v10.html [letzter Zugriff: 01.09.2014]).

Rustler, F./Buzan, T. (2012): Mind Mapping for Dummies. John Wiley & Sons, Chichester.

Rutherford Silvers, J. (2011): Risk management for meetings and events. Routledge, London.

Schäfer-Mehdi, S. (2012): Eventmarketing. Kommunikationsstrategie, Konzeption und Umsetzung, Dramaturgie und Inszenierung. 4. Auflage, Cornelsen Verlag, Berlin.

Schmid, U. (2006): Event-Management im Spitzen-Wettkampfsport. Entwicklungen, Ziele und Organisationsprinzipien. Kovac, Hamburg.

Schulze, G. (2005): Die Erlebnisgesellschaft. Kultursoziologie der Gegenwart. 2. Auflage, Campus-Verlag, Frankfurt am Main/New York.

Sinn, U. (2004): Das antike Olympia. Götter, Spiel und Kunst. C. H. Beck., München.

Sistenich, F. (1999): Eventmarketing. Ein innovatives Instrument zur Metakommunikation in Unternehmen. Deutscher Universitäts-Verlag, Wiesbaden.

Stahl, B. C. (2000): Das kollektive Subjekt der Verantwortung. In: Zeitschrift für Wirtschafts- und Unternehmensethik, 1. Jg., Heft 2. (URL: https://px.iubh.de/pmp/nph-pp/de/00/https/www.wiso-net.de/document=3fid=3dZFWU__20005011=26src=3dhitlist [letzter Zugriff: 21.12.2014]).

Statista GmbH (o. J.): Umsatzvolumen von Sport-Sponsoring weltweit von 2006 bis 2010 und Prognose bis 2015 (in Milliarden US-Dollar). (URL: http://de.statista.com/statistik/daten/studie/164161/umfrage/sport---umsatz-mit-sponsorships-weltweit-seit-2004/ [letzter Zugriff: 17.12.2014]).

Statista GmbH (2012): Prognose zum Investitionsvolumen auf dem deutschen Sponsoringmarkt von 2012 bis 2014 (in Milliarden Euro). (URL: https://px.iubh.de/pmp/nph-pp/de/00/http/de.statista.com/statistik/daten/studie/4789/umfrage/investitionsvolumen-fuer-sponsoring-prognose/ [letzter Zugriff: 20.12.2014]).

Steinecke, A. (2007): Kulturtourismus. Marktstrukturen, Fallstudien, Perspektiven. Oldenbourg, München u. a.

STM (2011): Nachhaltige Veranstaltungsmanagementsysteme - Anforderungen mit Anleitung zur Anwendung (ISO/DIS 20121:2011). Online verfügbar unter (http://www.direkte-wirtschaftskommunikation.de/global/download.html?id=376227), zuletzt geprüft am 10.03.2015.

Tannenbaum, R./Schmidt, W. H. (1973): How to choose a leadership pattern. In: Harvard Business Review, 51. Jg., Heft 3. (URL: http://www.expert2business.com/itson/Tannenbaum.pdf [letzter Zugriff: 02.11.2014]).

UFI (2013): Euro Fair Statistics 2013. Hrsg. v. UFI, Levallois-Perret. (URL: http://www.fkm.de/klcms2/mediathek/files/

downloadbereich/eurofairstatistics2013.pdf [letzter Zugriff: 14.12.2014]).

Uhlmann, A. (2013): Livemusik Sponsoring Report 2013. Hrsg. v. Repucom GmbH, Köln. (URL: http://repucom.net/de/reports/livemusik-sponsoring-report-2013 [letzter Zugriff: 20.12.2014]).

United Nations Statistics Division (o. J.): Classifications Registry. Hrsg. v. United Nations, New York. (URL: http://unstats.un.org/unsd/cr/registry/regcst.asp?Cl=27&Lg=1 [letzter Zugriff: 19.12.2014]).

Vahs, D./Schäfer-Kunz, J. (2012): Einführung in die Betriebswirtschaftslehre. 6. Auflage, Schäffer-Poeschel, Stuttgart.

Weaver, D. B./Lawton, L. (2006): Tourism management. 3. Auflage, John Wiley & Sons, Milton, Qld.

Weckerle, C./Söndermann, M./Hofecker, F.-O. (2003): Das Umsatz- und Beschäftigungspotential des kulturellen Sektors. Erster Kulturwirtschaftsbericht Schweiz. Museum für Gestaltung, Zürich. (URL: http://www.buchlobby.ch/pdf/HGKZ_kulturwirtschaft_deutsch.pdf [letzter Zugriff: 15.01.2015]).

Wochnowski, H. (1996): Veranstaltungsmarketing. Grundlagen und Gestaltungsempfehlungen zur Vermarktung von Veranstaltungen. Peter Lang Verlag, Frankfurt am Main.

Wünsch, U./Thuy, P./Barbian, U. (Hrsg.) (2007): Handbuch Event-Kommunikation. Grundlagen und Best Practice für erfolgreiche Veranstaltungen. Erich Schmidt Verlag, Berlin.

Yeoman, I. (2004): Festival and events management. An international arts and culture perspective. Elsevier Butterworth-Heinemann, Amsterdam/Boston.

Zanger C./Sistenich F. (1996): Eventmarketing. In: Marketing ZfP, 18. Jg., Nr. 4, S. 233–240.

Zanger, C. (2001): Eventmarketing. In: D. K. Tscheulin und B. Helmig (Hg.): Branchenspezifisches Marketing: Grundlagen - Besonderheiten - Gemeinsamkeiten: Gabler, S. 831–853.

Zanger, C./Kaminski, S. (2011): Vom Rummel zum urbanen Stadtmarketingevent. Zur Umdeutung von Stadtfesten. In: Gregor Betz, Ronald Hitzler und Michaela Pfadenhauer (Hg.): Urbane Events. 1. Aufl. Wiesbaden: VS, Verlag für Sozialwissenschaften (Erlebniswelten), S. 123–140.

Stichwortverzeichnis

A

B

C

D

E

F

G

H

I

J

K

L

M

N

O

P

R

S

T

U

V

W

Z